国家示范性高等职业院校教材

Jisuanji Zuzhuang Yu Weihu Shixun Zhidao

计算机组装与维护实训指导

（计算机应用技术专业）

主 编 吴小惠
主 审 陈常晖

人民交通出版社

内 容 提 要

本书是国家示范性高等职业院校教材，是为了适应面向工作过程的情境化教学模式而编写的，与微型计算机组装与维护课程配套教材。全书分五个学习情境：认识和选购计算机、组装和调试计算机、组建计算机网络、常用设置及工具软件的使用、排除计算机故障。其中每个学习情境包含知识储备、校内实训设计（或校外实训）、学生自评表共三个环节。

本书可作为高职院校计算机应用技术专业基于工作过程教学模式的教学指导用书及相关专业大专以上层次的自学用书。

图书在版编目（CIP）数据

计算机组装与维护实训指导/吴小惠主编. —北京：人民交通出版社，2009.8

ISBN 978-7-114-07961-0

Ⅰ.计… Ⅱ.吴… Ⅲ.①电子计算机-组装-教材②电子计算机-维修-教材 Ⅳ.TP30

中国版本图书馆 CIP 数据核字(2009)第 146985 号

国家示范性高等职业院校教材

书　　名： 计算机组装与维护实训指导
著 作 者： 吴小惠
责任编辑： 李世华
出版发行： 人民交通出版社
地　　址： （100011）北京市朝阳区安定门外外馆斜街 3 号
网　　址： http://www.ccpress.com.cn
销售电话： （010）59757969，59757973
总 经 销： 北京中交盛世书刊有限公司
经　　销： 各地新华书店
印　　刷： 廊坊市长虹印刷有限公司
开　　本： 787×1092　1/16
印　　张： 9.5
字　　数： 243 千
版　　次： 2009 年 8 月　第 1 版
印　　次： 2009 年 8 月　第 1 次印刷
书　　号： ISBN 978-7-114-07961-0
定　　价： 26.00 元
（如有印刷、装订质量问题的图书由本社负责调换）

序

2006年是中国高等职业教育的春天。这一年,我国教育部、财政部启动了国家示范性高等职业院校建设计划,高等职业教育首次被定性为中国高等教育发展的一种类型。时代赋予了高等职业教育非常广阔的发展空间。

2006年也是福建交通职业技术学院发展的春天。同年12月,这所有着140多年办学历史的百年老校,被确定为全国首批国家示范性高等职业院校建设单位。这对学校而言,是荣誉更是责任,是挑战更是压力。

国家示范性院校建设的核心是专业建设,而课程和教材又是专业建设的重要内容之一。如何通过课程的建构来推动人才培养模式的改革和创新?教材编写工作又如何与学校人才培养模式和课程体系改革相结合?如何实现课程内容适合高素质技能型人才的培养?这均是我校示范性建设中的重要命题。

难能可贵的是,三年来,在全体教职员工的不懈努力下,我校8个重点建设专业(6个为中央财政支持的重点建设专业)在实验实训条件建设、师资队伍建设、人才培养模式与课程体系改革等方面,都取得了突破性的进展。

更令人欣慰的是,我院教师历经3年的不断探索和实践,为我院的教材建设作出了功不可没的成绩。一系列即将在人民交通出版社出版的国家示范性高等职业院校重点建设专业教材,就是我院部分成果的体现。在这些教材中,既有工学结合的核心课程教材,也有专业基础课程教材。无论是哪种类型的教材,在编写中,我院都强调对教材内容的改革与创新,强调示范性院校专业建设成果在教材中的固化,强调教材为高素质技能型人才培养服务,强调教材的职业适应性。因为新教材的使用,必须根植于教学改革的成果之上,反过来又促进教学改革目标的实现,推进高职教育人才培养模式改革。

培养社会所需要的人,是我院一直不懈的努力方向,而这些教材就是我们努力前行的足迹。

在这些教材的编写过程中,也倾注了相关企业有关专家的大量心血和辛勤劳动,在此谨向他们表示衷心的感谢!

福建交通职业技术学院院长
福州大学博士生导师 

前　　言

本指导书编写设计思路根据高职高专教学改革中所定位的高职教育培养应用型人才这一基本特点，以职业岗位能力分析和具体工作过程为基础设计，通过所编写的"剧本"，教师当好"导演"，让学生成为教学过程中的"演员"，亲身体验学习加工作的过程，做到教学过程中工作与学习相结合，作为福建省级精品课程《计算机组装与维护》建设的配套教材，具有工学结合的鲜明特色。

本书从高职高专院校计算机应用技术专业的实际教学要求出发组织教学内容，以培养学生职业技能为目标，注重理论与工作技能的有机结合，突出实用性、易用性、指导性，可作为学生自学用书及实训指导用书。

本书在内容安排上体现以下特色：

1. 情境化教学设计。

全书共5个情境教学模块，以微型计算机导购员、微型计算机安装调试员、微型计算机系统维护员工作过程中的基本工作技能为培养目标，强化计算机组装和维护的操作技能，突出高职高专课程建设的特色。

2. 体现校企合作、工学结合。

工学结合是对传统学校教育的重大挑战，要求高职院校建立与课程相适应的校内生产性实训基地，同时还要加强与行业、企业的联系，建立一大批适应课程教学需要的真实环境的校外实习基地。实训、实习环节的教学除了由院校教师担当外，主要应请行业、企业的能手对学生进行指导，切实增强学生的职业能力。课程建设要以工作过程为基础。

3. 面向实训教学全过程设置教学环节。

每个学习情境设置三个部分：

(1)知识储备：此阶段知识点以问题的形式，便于学生自学和查阅，通过实训之前完成学习工作单，培养学生通过各种渠道收集资料自主学习的能力。

(2)校外实训：根据职业岗位能力设置情境描述、任务布置、方案设计、实施准备、项目实施，提交实训报告等环节。体现教学过程引导学生与工作过程的衔接。

(3)学生自评：通过学生自我评价，除了课程的知识技能外，还应注重在工作过程中方法能力和社会能力的积累，为教师评分提供部分依据。

本书适合作为高职高专院校教材，也可作为计算机培训教材，建议授课时数48~58课时。使用本书只需要具有最基本的计算机操作基础。本书由陈常晖担任主审，吴小惠担任主编。编写分工如下：吴小惠编写情境一及情境二，王敏编写情境二，陈明编写情境三，李伙钦编写情境四及情境五。另外，在编写过程中得到校企合作方多位老师的帮助，参考了大量书籍，在此谨表示诚挚的谢意。

由于时间仓促，编者水平有限，基于工作过程的情境式教学模式正在学习和探讨中，书中难免有不妥之处，敬请专家和读者批评指正。

编　者

2009年7月

前　言

目　　录

学习情境一　认识和选购计算机

学习情境二　组装和调试计算机

学习情境三　组建计算机网络

学习情境四　常用设置及工具软件的使用

学习情境五　计算机故障排除

学习情境一　认识和选购计算机

【知 识 储 备】

【知识技能目标】

1. 通过各种渠道收集资料,制订工作计划。
2. 掌握鉴别计算机主要部件质量的方法和途径。
3. 掌握主机中配件的有关性能参数和选购的基本原则。
4. 了解各配件的主流规格,树立品牌意识。
5. 通过市场调查了解硬件最新发展趋势。
6. 学会成本合算,掌握高性价比兼容机型的配置方法。

【预备知识】

1.1　基础知识篇

1.1.1　计算机系统由哪些方面组成?

微型计算机(Microcomputer)是电子计算机发展到第4代的产物,也称为个人计算机(PC,Personal Computer)。它的出现具有划时代的意义,随着其应用的日趋普及,它已经深刻地改变了人们的办公和生活方式,带给人们的便利也是空前的。

计算机系统由硬件系统和软件系统组成,硬件是计算机的物质基础,包括中央处理器、存储器和外部设备等,而软件则是计算机的灵魂,包括计算机的运行程序和相应的文档。中央处理器是计算机的核心部件,由运算器和控制器两部分组成,主要功能是解释指令、控制指令执行、控制和管理机器运行状态,以及实时处理中央处理机内部和外部出现的各种应急事件。外部设备包括输入和输出设备、转换设备、终端设备等,如键盘、鼠标、打印机、扫描仪等。软件通常分为两大类:系统软件和应用软件。系统软件最靠近硬件层,是计算机的基础软件,如操作系统、高级语言处理程序等。系统软件是计算机厂家预先设计好的。操作系统主要用于组织管理计算机系统的所有硬件和软件资源,使之协调一致、高效地运行;高级语言处理程序包括编译程序和解释程序等。编译程序能将高级语言编写的源程序翻译成计算机执行的目标程序,解释程序是边解释边执行源程序。应用软件处于计算机系统的最外层,是按照某种特定的应用而编写的软件。计算机系统的组成如图1-1所示。

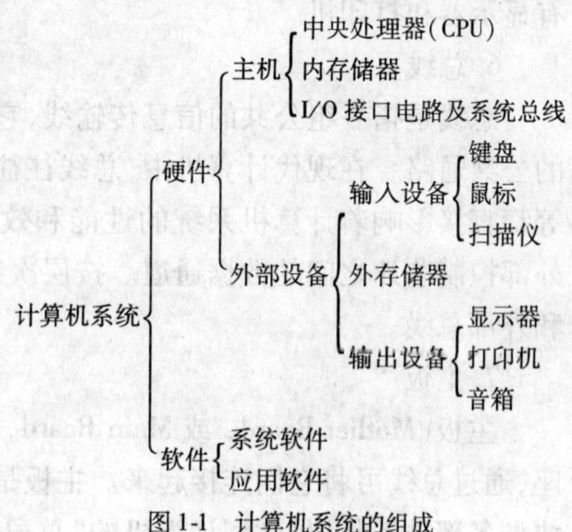

图1-1　计算机系统的组成

1.1.2 硬件部分有哪些主要部件?

1. 运算器

运算器又称算术逻辑单元(Arithmetic Logic Unit,ALU),它是数据进行加工处理的部件,所进行的运算包括算术运算(加、减、乘、除等)和逻辑运算(与、或、非、异或、比较等)。

2. 控制器

控制器负责从存储器中取出指令,并对指令进行译码。它可以根据指令的要求,按照时间顺序,向其他各部件发出控制信号,保证各部件协调一致地完成各种操作,控制器主要由指令寄存器、译码器、程序计数器、操作控制器等组成。

硬件系统的核心是中央处理器,包括运算器和控制器,采用大规模集成电路工艺制成的芯片,称微处理器芯片。

3. 存储器

它是计算机存储数据的部件,一些原始数据、运算过程的中间数据以及运算结果数据均被放在存储器里。存储器分为内存储器和外存储器两种。

(1)内存储器(简称内存)。它是由半导体器件组成。从使用功能上分,有随机存储器(Random Access Memory, RAM),又称读写存储器,还有只读存储器(Read Only Memory, ROM)。

(2)外存储器。外存储器主要有磁盘存储器、磁带存储器和光盘存储器等。

内存最突出的特点是存取速度快,容量小,价格贵;外存储器的特点是容量大,价格低,存取较慢。内存用于存放立即要用的数据和程序;外存用于存放暂不用的程序和数据。外存储器属于输入输出设备,只能与内存储器交换信息,不能被计算机系统其他部件直接访问。

4. 输入设备

输入设备是用户和计算机系统之间进行信息交换的主要装置,它负责将输入信息(包括数据和指令)转换成计算机能识别的二进制代码,送入存储器保存。常见的输入设备有键盘、鼠标、扫描仪、语音读取器等。

5. 输出设备

通过输出设备,计算机将处理的结果转换成便于人们识别的各种形式。常见的输出设备有显示器和打印机。

6. 总线

总线是指一组公共的信息传输线,它是计算机中系统与系统之间或各部件之间信息传送的公共通路。在现代计算机中,总线往往是计算机数据交换的中心,总线的结构、技术和性能等都直接影响着计算机系统的性能和效率。在微型计算机中,它是指连接CPU、内存、缓存、外部控制芯片之间的数据通道。按层次结构可把总线分为:CPU总线、存储器总线、系统总线和外部总线。

7. 主板

主板(Mother Board, 或 Main Board, 或 System Board)是各部件连接的平台,其上有很多插座,通过总线可将它们连接起来。主板是一台微型计算机的主体所在,完成计算机系统管理和协调各部件工作,是微型计算机的“总司令部”。

1.1.3 选购前要做哪些准备工作?

1. 明确自身需求和经济能力

无论是选购品牌机还是兼容机,首先需要定位计算机的用途。

(1)办公:一般配置的计算机即可,因为配置过高,有许多功能用户都用不上,选购时应该遵循够用就好的原则。

(2)游戏:用于玩游戏的计算机,应是具有独立显卡和声卡的计算机,这样才能保证玩3D等大型游戏时画面清晰、声音逼真,从而做到身临其境,让人真正体会到游戏所带来的乐趣。

(3)专业制图:用于专业制图的计算机,由于3DMAX、AutoCAD等制图软件对显卡的要求较高,其显卡必须独立,才能保证能够顺畅地打开和使用这些软件。

(4)视频制作:用于视频制作时,应该选购CPU主频较高、内存大、硬盘容量大、带有刻录机和IEEE94数字接口的计算机。

2. 必备的计算机基本知识

(1)了解计算机的主要性能指标,主要包括:

运算速度;

字长;

内存容量;

外存容量。

(2)了解当前市场动态。

(3)了解品牌机和兼容机的区别。

(4)掌握选购的原则。

1.2 主板篇

1.2.1 主板上有什么?

1. CPU插座及插槽

选择CPU,必须选择带有与之对应插槽类型的主板。主板CPU插槽类型各有不同,其插孔数、体积、形状都有变化,所以不能互相接插。早期的CPU插槽包括Slot 1、Slot 2及Slot A等;现在流行的CPU插槽类型分为SocketA 、Socket370 、Socket478、Socket603 、Socket604 、Socket754 、Socket775、Socket939 、Socket940。

Socket478是适合Intel P4系列处理器口采用Intel 875/865/848P/845E芯片组的主板,见图1-2。

Socket754是适合AMD低端的Athlon64系列处理器,采用nForce4/3和K8T800芯片组的主板 。

Socket775,这个名称其实是错误的,正确的名称应该是LGA775,它是Intel为了搭配最新的Prescott核心推出的对应Intel的925X和915P主板,见图1-3。

Socket939是适合AMD高端的Athlon64 FX系列处理器,采用nForce4和K8T800芯片组的主板,见图1-4。

Socket940是适合AMD服务器级的Opteron(皓龙)处理器的主板,支持Opteron和Athlon

64 FX 处理器，见图 1-5。

图 1-2　Socket 478 插座

图 1-3　Socket 775 插座

图 1-4　Socket939 处理器插座

图 1-5　Socket940 处理器插座

图 1-6 为华硕 P5K Premium/WiFi-AP 主板，CPU 插槽类型为 LGA 775，即 Socket775 架构，支持 Prescott、Pentium D、Celeron D、Conroe 系列处理器。

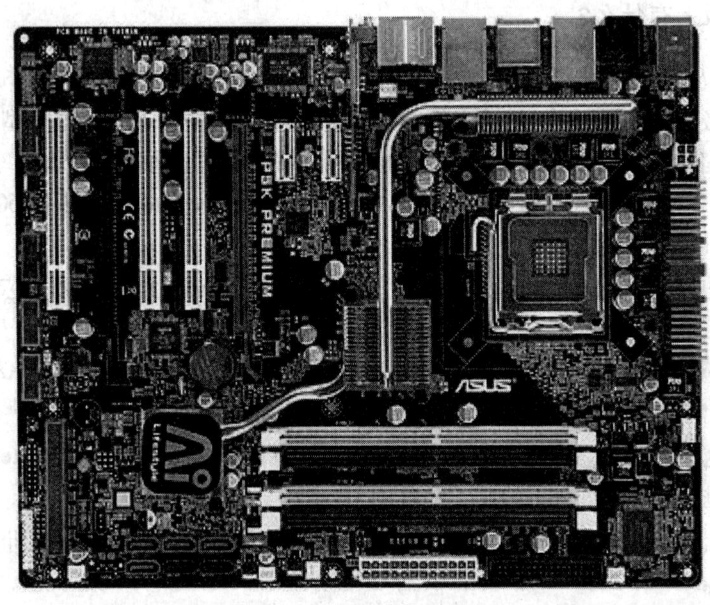

图 1-6　华硕 P5K Premium/WiFi-AP 主板

2. 内存插槽

当前流行的内存条有 SDRAM、DDR、RDRAM 3 种，相应的内存条插槽也有 3 种：SDRAM 内存插槽、DDR 内存插槽（见图 1-7）和 RDRAM 内存插槽。

需要说明的是，不同的内存插槽的引脚、电压、性能和功能都是不尽相同的，内存在不同的内存插槽上不能互换使用。对于 168 线的 SDRAM 内存和 184 线的 DDR SDRAM 内存，其主要外观区别在于，SDRAM 内存金手指上有两个缺口，而 DDR SDRAM 内存只有一个，相应的插槽也就不一样。

图 1-8 所示为技嘉 EX58-UD5 主板上提供的 6 条内存插槽，支持三通道内存模式。

图 1-7　内存插槽

图 1-8　6 条内存插槽

3. 总线扩展槽

所谓总线就是连接 CPU 和内存、缓存、外部控制芯片之间的数据通道，控制芯片和扩展槽之间还有数据通道，叫做扩展总线，或者局部总线。

目前使用的总线扩展槽主要有 PCI、AGP 两种，早期的主板上还有 ISA 扩展槽，见图 1-9。

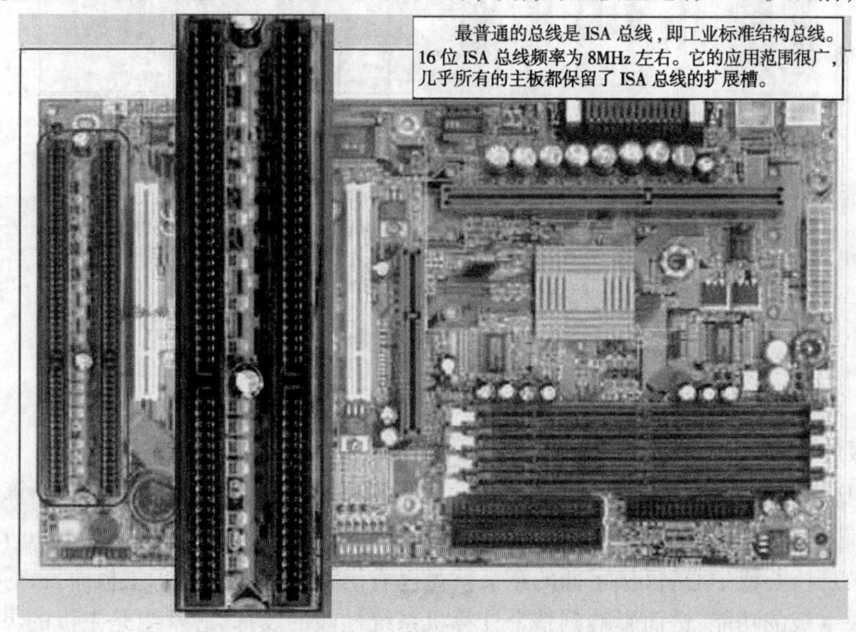

图 1-9　早期的 ISA 扩展槽

（1）PCI 插槽。PCI 插槽是一种常见的局部总线扩展槽，是主板上数量最多的插槽。它首先由 Intel 公司推出，用于插装 PCI 声卡、PCI 网卡及 PCI 显卡等。PCI-E 16X 插槽主要用来连接 PCI-E 显卡，图 1-10 中的梅捷 SY-AM580-GR 主板提供了 3 条 PCI-E 插槽，它支持双显卡交火模式。PCI-E 1X 插槽主要用于连接 PCI-E 的扩展卡，如磁盘阵列卡。

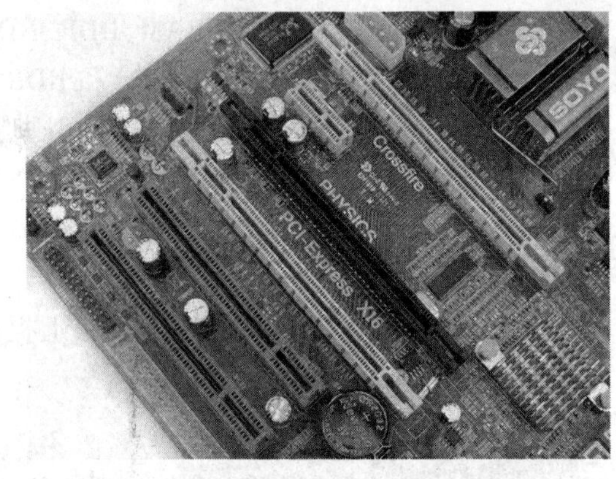

图 1-10　3 条 PCI-E 插槽

(2)AGP 插槽（接口）。AGP（Accelerated Graphics Port）是在 PCI 总线基础上发展起来的。早期 Intel 公司为配合 Pentium Ⅱ处理器的开发提出来的标准规范，主要针对图形显示方面的优化，专门用于图形显示卡，可以有效地解决显卡板显示内存不足的问题。

AGP 标准也经过了几年的发展，从最初的 AGP 1.0、AGP2.0 发展到现在的 AGP 3.0，如果按倍速来区分，则主要经历了 AGP 1X、AGP 2X、AGP 4X、AGP PRO。目前最新版本就是 AGP 3.0，即 AGP 8X。

AGP 插槽颜色多为深棕色(见图 1-11)，位于北桥芯片和 PCI 插槽之间。目前常见的显卡多为 AGP 显卡，AGP 插槽能够保证显卡数据传输的带宽，而且传输速率最高可达到 2133Mb/s（AGP8X）。AGP 8X 的传输速率可达到 2.1Gb/s，是 AGP 4X 传输速率的 2 倍。

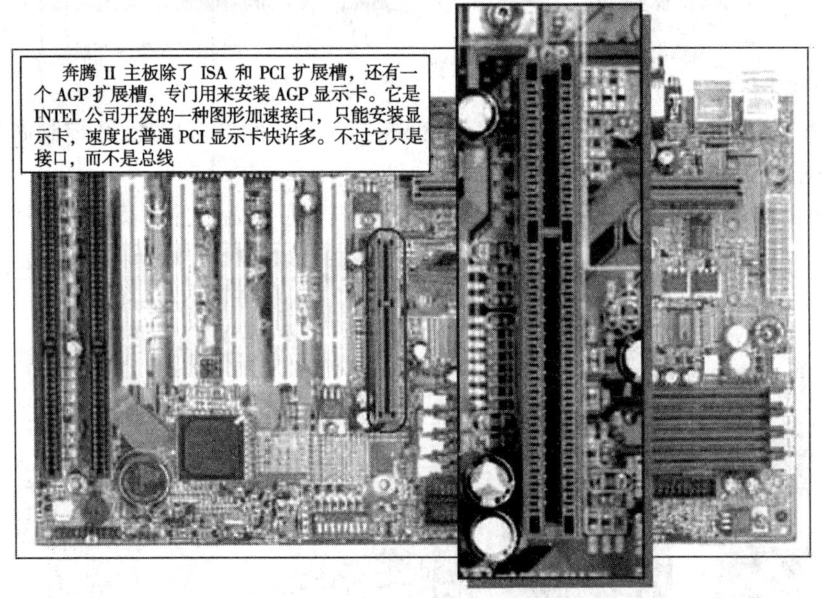

图 1-11　AGP 图形加速接口

4. 主板芯片组

芯片组(Chipset)是主板的核心组成部分，如果说中央处理器(CPU)是整个计算机系统的心脏，那么芯片组则是整个身体的躯干。计算机业界称设计芯片组的厂家为 Core Logic，Core 的中文意义是核心或中心，仅从字面的意义就足以看出其重要性。对于主板而言，芯片组几乎决定了这块主板的功能，进而影响到整个计算机系统性能的发挥，芯片组是主板的灵魂。芯片组性能的优劣，决定了主板性能的好坏与级别的高低。目前 CPU 的型号与种类繁多、功能特点不一，如果芯片组不能与 CPU 良好地协同工作，将严重地影响计算机的整体性能，甚至造成不能正常工作。

在计算机系统中,芯片组是保证系统正常工作的重要控制模块,有单片、两片、多片之分。典型的两片主板芯片组,按照在主板上的排列位置的不同,分为北桥和南桥两部分。

(1)北桥芯片。北桥芯片(North Bridge)是主板芯片组中起主导作用的最重要的组成部分,也称为主桥(Host Bridge)。一般来说,芯片组的名称就是以北桥芯片的名称来命名的,例如华硕计算机 P4G8X 主板:芯片组是 Intel E7205,北桥芯片是 Intel E7205,见图 1-12。AMD 790GX 主板:北桥芯片是 AMD 790GX,见图 1-13。

图 1-12 Intel E7205 北桥芯片

图 1-13 AMD 790GX 北桥芯片

北桥芯片负责与 CPU 的联系并控制内存、AGP、PCI 数据在北桥内部传输,提供对 CPU 的类型和主频、系统的前端总线频率、内存的类型(SDRAM、DDR SDRAM 以及 RDRAM 等)和最大容量、ISA/PCI/AGP 插槽、ECC 纠错等支持。整合型芯片组的北桥芯片还集成了显示核心。

北桥芯片就是主板上离 CPU 最近的芯片,这主要是考虑到北桥芯片与处理器之间的通信最密切,为了提高通信性能而缩短传输距离。因为北桥芯片的数据处理量非常大,发热量也越来越大,所以现在的北桥芯片通常都覆盖着散热片,用来加强北桥芯片的散热,有些主板的北桥芯片还会配合风扇进行散热。因为北桥芯片的主要功能是控制内存,而内存标准与处理器一样变化比较频繁,所以不同芯片组中北桥芯片肯定是不同的,当然并不是说所采用的内存技术就完全不一样,而是不同的芯片组北桥芯片间在一些地方有差别。

(2)南桥芯片。南桥芯片主要用来与 I/O 设备及 ISA 设备相连,并负责管理中断及 DMA 通道,让设备工作得更顺畅,其提供对 KBC(键盘控制器)、RTC(实时时钟控制器)、USB(通用串行总线)、Ultra DMA/33(66)EIDE 数据传输方式和 ACPI(高级能源管理)等的支持,在靠近 PCI 槽的位置。

图 1-14 是众多流行主板上 AMD 790GX 芯片组集成的 SB750 南桥芯片。

5. 硬盘接口

现在很多新型主板(如 I865 系列等)都提供了一种 Serial ATA 插槽,即串行 ATA 插槽。它是一种完全不同于并行 ATA 的新型硬盘接口类型,用来支持 SATA 接口的硬盘,其传输率可达 150Mb/s,见图 1-15。

6. BIOS 芯片组

BIOS 芯片是主板上一个很重要的芯片(见图 1-16),BIOS(BASIC INPUT/OUTPUT SYSTEM,基本输入输出系统)是一块装入了启动和自检程序的 EPROM 或 EEPROM 集成块。实际上它是被固化在计算机 ROM(只读存储器)芯片上的一组例行程序,为计算机提供最低级的、最直接的硬件控制与支持，由它们来完成系统与外部设备之间的输入输出工作。对 PC 来说，BIOS 包含了控制键盘、显示屏幕、磁盘驱动器、串行通信设备及其他功能代码。它还有内部的诊断程序和一些实用程序，比如每次启动计算机时，都要调用 BIOS 的自检程序检查主要部件，以确保它们正常工作。

图 1-14　SB750 南桥芯片

图 1-15　硬盘接口

早期的 BIOS 多为可重写 EPROM 芯片，上面的标签起着保护 BIOS 内容的作用，因为紫外线照射会使 EPROM 内容丢失，所以不能随便撕下标签。现在的 ROM BIOS 多采用 Flash ROM（快闪可擦可编程只读存储器），通过刷新程序，可对 Flash ROM 进行重写，从而方便地实现 BIOS 的升级。

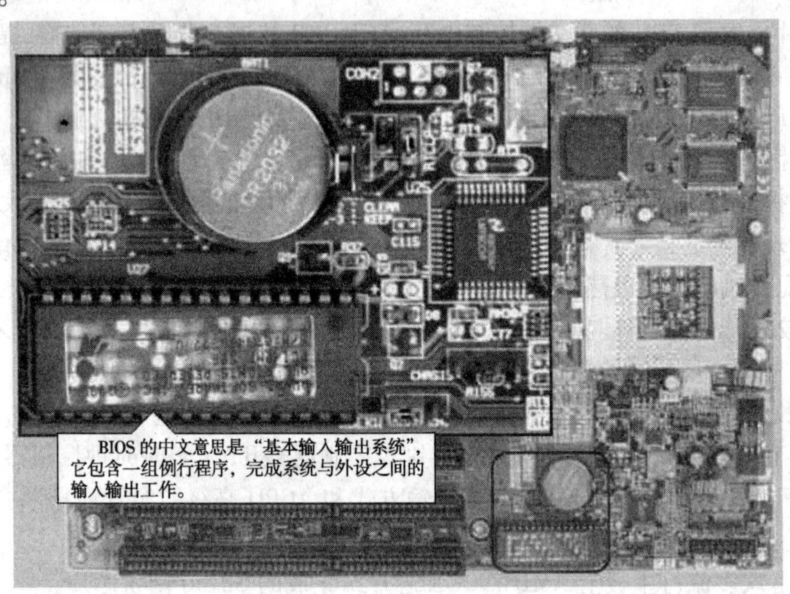

图 1-16　BIOS 芯片

7. CMOS 跳线开关（图 1-17）

有时我们需要主动清除 CMOS 中的信息，比如忘记了开机密码而无法启动系统，为此主板上有专门的跳线开关来解决这个问题。有些主板的电池不容易取下，需要参考主板说明书，找到正确的跳线，按指示的方法进行。一般的方法是先关闭电源，把 CMOS 跳线短接一会儿，然后还原，重新开机即可。

8. I/O 接口

新型的 ATX 结构主板开关的并口、串口都是集成在主板上的，而且主板上还设有 PS/2 鼠标和键盘接口,并提供 USB 接口,即通用串行总线,见图 1-18。

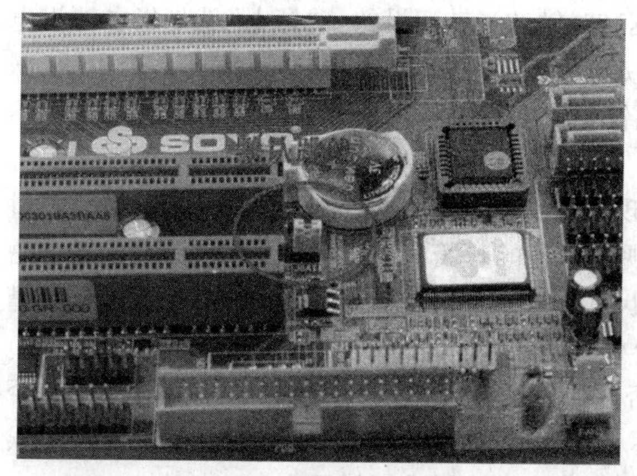

图 1-17　CMOS 跳线开关

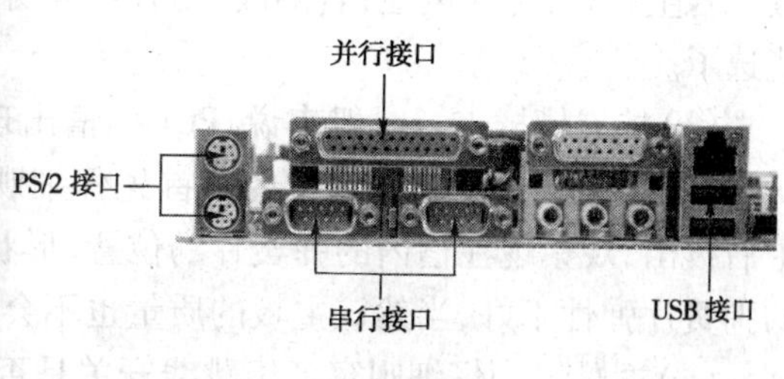

图 1-18　I/O 接口

9. 电源接口

图 1-19 为常见主板 24 针电源接口。蓝海 350D 电源采用了主动式 PFC,待机功耗低,主板电源接口采用的是 20pin + 4pin 的分离设计,适应性更强,如图 1-20 所示。

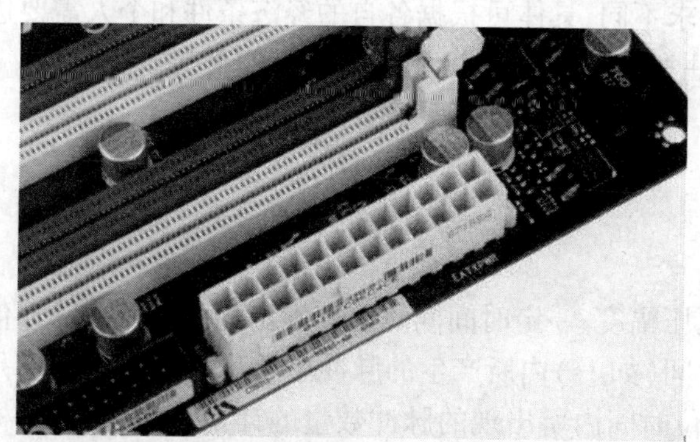

图 1-19　主板电源接口

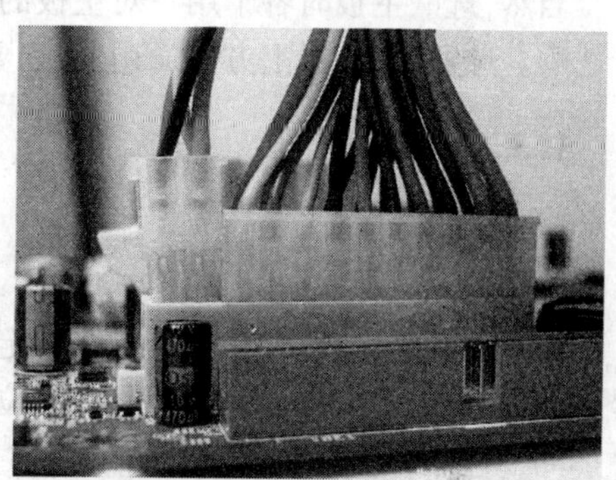

图 1-20　主板电源接口 20pin + 4pin 的分离设计

1.2.2　如何选购主板?

计算机主板的好坏直接影响计算机的整体性能,因而主板的选购尤为重要。但新产品更新换代、推陈出新的速度是我们永远也无法追赶的,因此选中一块性价比很高的主板绝非易事。

目前,根据不同 CPU 类型,市场上的主板一般可以分为 Intel 和 AMD 公司产的两大类,用户可以按照使用需求来决定选购哪一个系列的主板。计算机发展到今天,虽然主板的技术很成熟,但是也有很多杂牌厂商为了降低成本,在主板的用料和做工方面大打折扣,以次充好,使得同型号的主板性能质量相差很大。下面介绍几种鉴别主板质量的方法。

(1)观察外表,掂其分量。首先,看主板的厚度,二者比较,厚者为宜。再观察主板电路板的层数及布线系统是否合理。把主板拿起,隔上板对着光源看,若能观察到另一面的布线元件,则说明该主板为双层板,否则,就是四层板或多层板,选购时应该选后者。另外,布线是否合理流畅,也会影响整块主板的电气性能,这主要靠第一眼的感觉,当然这种感觉是建立在对一般主板布线相当了解的基础之上的。仔细观察主板各芯片的生产日期和型号、品牌标识。一般来说,各芯片的生产日期不宜超过三个月,否则将影响主板的整体性能。芯片上的标识要清晰可辨,无划痕等明显印迹。

(2)主板电池。电池是为保持 CMOS 数据和时钟的运转而设的。“掉电”就是指电池没电了,不能保持 CMOS 的数据,关机后时钟也不走了。选购主板电池时,要观察其是否生锈、漏液。若生锈,可更换电池;若漏液,则有可能腐蚀整块主板而导致主板报废,这样的主板当然不能选了。

(3)扩展槽插卡。一般来说,PCI 插槽出现问题并不多见,ISA 插槽则要认真检查。不过 ISA 插槽的查验还是比较简单的。首先仔细观察槽孔的弹簧片的形状,然后把 ISA 卡插入槽中后拔出,观察现在槽内的弹簧片的位置、形状是否与原来相同,若有较大偏差,则说明该插槽的弹簧片弹性不好,当然该主板的质量也不会好到哪儿去。

(4)摇跳线。仔细观察各组跳线开关是否虚焊。开机后,轻微摇动跳线开关,看机子是否出错,若有出错信息,则说明跳线松动,性能不稳定,此主板必不在选购之列。注意,摇的时候用力不要过大,用力过大容易摇坏跳线开关,好板子也会被摇成坏板子。

(5)软件测速。可利用 SPEED 系列或其他的测速软件对主板进行全面的检测,不同主板间的横向比较会给出一个准确的结论。如果不愿意自己测试的话,权威性报刊、杂志的评测报告也是很好的参考。

当然,选购主板时各个用户对主板的要求不同,具体可根据各自的经济条件和个人需要进行选购。选购时,除以上方法通用外,还要注意主板的说明书、品牌及售后服务等。

1.3 CPU 篇

1.3.1 什么是 CPU 主频?

在电子技术中,脉冲信号是指按一定电压幅度、一定时间间隔连续发出的电信号。脉冲信号之间的时间间隔称为周期;而将在单位时间(如 1s)内所产生的脉冲个数称为频率。频率是描述周期性循环信号(包括脉冲信号)在单位时间内所出现的脉冲数量的计量名称;频率的标准计量单位是赫(Hz)。计算机中的系统时钟就是一个频率相当精确和稳定的脉冲信号发生器。频率在数学表达式中用“f”表示,其相应的单位有:赫(Hz)、千赫(kHz)、兆赫(MHz)、吉赫(GHz),换算关系是:1GHz = 1000MHz,1MHz = 1000kHz,1kHz = 1000Hz。计算脉冲信号周期的时间单位是:秒(s)、毫秒(ms)、微秒(μs)、纳秒(ns),相应的换算关系是:1s = 1000ms,1ms = 1000μs,1μs = 1000ns。

CPU 的主频即 CPU 内核工作的时钟频率(CPU Clock Speed)。通常所说的某某 CPU 是多少兆赫的,而这个多少兆赫就是 CPU 的主频。有人认为 CPU 的主频就是其运行速度,其实不然。CPU 的主频表示在 CPU 内数字脉冲信号振荡的速度,与 CPU 实际的运算能力并没有直接关系。主频和实际的运算速度存在一定的关系,但目前还没有一个确定的公式能够定量两者的数值关系,因为 CPU 的运算速度还要看 CPU 的各方面的性能指标(缓存、指令集,CPU 的位数等)。由于主频并不直接代表运算速度,所以在一定情况下,很可能会出现主频较高的 CPU 实际运算速度较低的现象。比如 AMD 公司的 Athlon XP 系列 CPU 大多都能以较低的主频,达到 Intel 公司的 Pentium 4 系列 CPU 较高主频的 CPU 性能,所以 Athlon XP 系列 CPU 才以 PR 值的方式来命名。因此主频仅是 CPU 性能表现的一个方面,而不代表 CPU 的整体性能。

虽然 CPU 的主频不代表 CPU 的速度,但提高主频对于提高 CPU 运算速度却是至关重要的。举个例子来说,假设某个 CPU 在一个时钟周期内执行一条运算指令,那么当 CPU 运行在 100MHz 主频时,将比它运行在 50MHz 主频时速度快 1 倍,因为 100MHz 的时钟周期比 50MHz 的时钟周期占用时间减少了一半,也就是工作在 100MHz 主频的 CPU 执行一条运算指令所需时间仅为 10ns,比工作在 50MHz 主频时的 20ns 缩短了一半,自然运算速度也就快了 1 倍。计算机的整体运行速度不仅取决于 CPU 运算速度,还与其他各分系统的运行情况有关,只有在提高主频的同时,各分系统运行速度和各分系统之间的数据传输速度都能得到提高后,计算机整体的运行速度才能真正得到提高。

1.3.2 什么是 CPU 针脚数?

目前 CPU 都采用针脚式接口与主板相连,而不同的接口的 CPU 在针脚数上各不相同。CPU 接口类型的命名,习惯用针脚数来表示,比如目前 Pentium 4 系列处理器所采用的 Socket 478 接口,其针脚数就为 478 针;而 Athlon XP 系列处理器所采用的 Socket 939 接口(图 1-21),其针脚数就为 939 针,见图 1-22。

图 1-21 Socket 939 接口

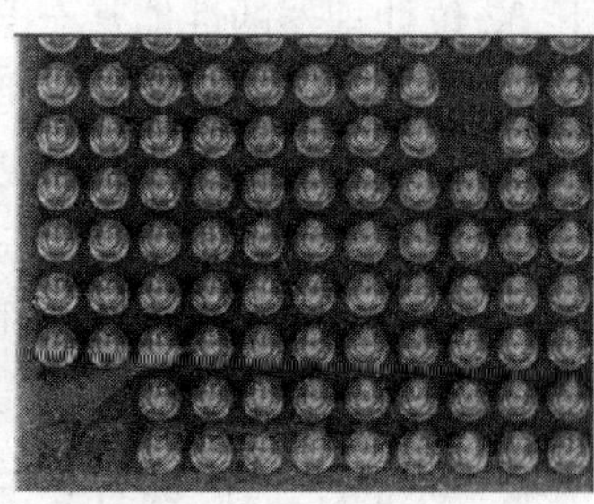

图 1-22 Socket 939 封装及放大图

原则上 CPU 性能的好坏和针脚数的多少是没有关系的,而且 CPU 上的针脚也并不是每一个都起作用的,有些针脚是没有任何作用的“摆设”,是闲置的。这是因为 CPU 厂商在设计 CPU 时,已经考虑到今后一段时间内的功能扩展和性能提高,预留一些暂时不起作用的针脚以便今后改进需要。随着 CPU 技术的发展,需要越来越多的 CPU 针脚以实现更丰富的功能以及更高的性能,例如集成双通道内存控制器所需要的针脚数量就要比集成单通道内存控制器所需要的针脚数要多得多。因此,总的来说 CPU 针脚数有越来越多的趋势,基本上可以认为针脚多的 CPU 其架构也越先进。但是任何事物都不是绝对的,例如 AMD 在移动平台上用来取代 Socket 754 的 Socket S1,其针脚数反而从 754 针减少到了 638 针。

1.3.3 什么是酷睿?

“酷睿”是一款领先的节能新型微架构,它的设计出发点是提供卓然出众的性能和能效,提高其能效比。早期的酷睿是基于笔记本计算机处理器的。

酷睿 2(英文 Core 2 Duo)是 Intel 公司推出的新一代基于 Core 微架构的产品体系统称之一,于 2006 年 7 月 27 日发布。酷睿 2 是一个跨平台的构架体系,包括服务器版、桌面版、移动版三大领域。其中,服务器版的开发代号为 Woodcrest,桌面版的开发代号为 Conroe,移动版的开发代号为 Merom。

酷睿 2 的特性:

(1)全新的 Core 架构;

(2)全部采用65nm 制造工艺;

(3)全线产品为单核芯、双核芯、四核芯,目前为止 L2 缓存容量存在 2MB 和 4MB 两个版本,上市时曾出现过 2MB 缓存容量,性能提升 40%,能耗降低 40%,主流产品的平均能耗为 65W,前端总线提升至 1066MHz(Conroe),1333MHz(Woodcrest),667MHz(Merom)。

1.3.4 什么是 CPU 64 位技术?

这里的 64 位技术是相对于 32 位而言的,这个位数指的是 CPU GPRs(General-Purpose Registers,通用寄存器),其数据宽度为 64 位,64 位指令集就是运行 64 位数据的指令,也就是说处理器一次可以运行 64 位数据。64 位处理器并非现在才有,在高端的 RISC(Reduced Instruction Set Computing,精简指令集计算机)很早就有 64 位处理器了,比如 SUN 公司的 UltraSparc Ⅲ,IBM 公司的 POWER5,HP 公司的 Alpha 等。

64 位计算主要有两大优点:可以进行更大范围的整数运算,支持更大的内存。不能因为数字上的变化,而简单认为 64 位处理器的性能是 32 位处理器性能的两倍。实际上在 32 位应用下,32 位处理器的性能甚至会更强,即使是 64 位处理器,目前情况下也是在 32 位应用下性能更强。所以要认清 64 位处理器的优势,但不可迷信 64 位。

要实现真正意义上的 64 位计算,仅有 64 位的处理器是不行的,还必须有 64 位的操作系统以及 64 位的应用软件才行,三者缺一不可。目前,在 64 位处理器方面,Intel 和 AMD 两大处理器厂商都发布了多个系列多种规格的 64 位处理器;而在操作系统和应用软件方面,目前的情况不容乐观。因为真正适合于个人使用的 64 位操作系统只有 Windows XP X64,而 Windows XP X64 本身也只是一个过渡性质的 64 位操作系统,在 Windows Vista 发布以后就将被淘汰。Windows XP X64 本身也不够完善,易用性不高,一个明显的例子就是各种硬件设备的驱动程序很不完善,而且 64 位的应用软件现在还基本没有,硬件厂商和软件厂商也不愿意去为一个过渡性质的操作系统编写驱动程序和应用软件。实现真正的 64 位计算,恐怕还得等到 Windows Vista 普及一段时间之后才行。

目前主流 CPU 使用的 64 位技术主要有 AMD 公司的 AMD64 位技术、Intel 公司的 EM64T 技术、和 Intel 公司的 IA-64 技术。其中 IA-64 是 Intel 公司独立开发的,不兼容传统的 32 位计算机,仅用于 Itanium(安腾)以及后续产品 Itanium 2,一般用户不会涉及到,因此这里仅对 AMD64 位技术和 Intel 的 EM64T 技术做一下简单介绍。

1.3.5 什么是 CPU 一级缓存和二级缓存?

要想了解二级缓存的作用,必须要了解什么是一级缓存。目前所有主流处理器大都具有一级缓存和二级缓存,少数高端处理器还集成了三级缓存。其中,一级缓存可分为一级指令缓存和一级数据缓存。一级指令缓存用于暂时存储并向 CPU 递送各类运算指令;一级数据缓存用于暂时存储并向 CPU 递送运算所需数据,这就是一级缓存的作用(参见图 1-23 所示)。

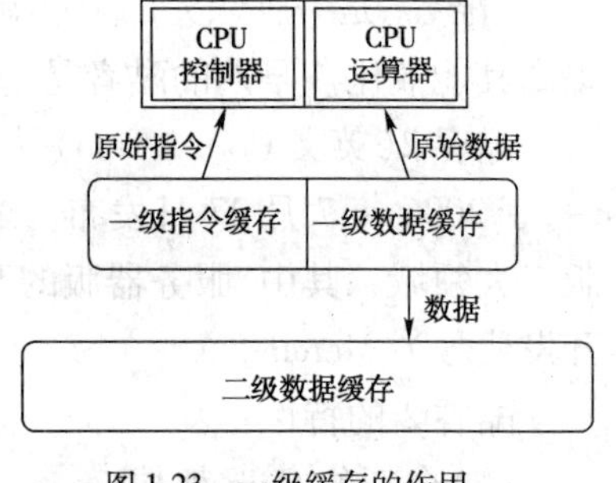

图 1-23 一级缓存的作用

简单地说,二级缓存就是一级缓存的缓冲器。一级缓存制造成本很高,容量有限,二级缓存的作用就是存储那些 CPU 处理时需要用到、一级缓存又无法存储的数据。同样道理,三级缓存和内存可以看作是二级缓存的缓冲器,它们的容量递增，但单位制造成本却递减。需要注意的是，无论是二级缓存、三级缓存还是内存都不能存储处理器操作的原始指令，这些指令只能存储在 CPU 的一级指令缓存中，而余下的二级缓存、三级缓存和内存仅用于存储 CPU 所需数据。不同的一级数据缓存设计对于二级缓存容量的需求也各不相同。

1.3.6 CPU 配大容量二级缓存有什么优势？

从理论上讲，二级缓存越大处理器的性能越好，但这并不是说二级缓存容量加倍就能给处理器带来成倍的性能增长。目前 CPU 处理的绝大部分数据的大小都在 0～256KB 之间，小部分数据的大小在 256KB～512KB 之间，只有极少数数据的大小超过 512KB。所以只要处理器可用的一级、二级缓存容量达到 256KB 以上，就能够正常应用，512KB 容量的二级缓存已经足够满足绝大多数应用的需求。

对于采用“实数据读写缓存”设计的 AMD Athlon 64、Sempron 处理器而言，由于它们已经具备了 64KB 一级指令缓存和 64KB 一级数据缓存，只要处理器的二级缓存容量大于或等于 128KB 就能够存储足够的数据和指令，因此它们对二级缓存的依赖性并不大。

如果是游戏发烧友或从事多媒体制作的专业用户，则 1MB 二级缓存的 P4 处理器和具有 512KB/1MB 二级缓存的 Athlon 64 处理器是理想的选择。因为在高负荷的运算下，CPU 的一级缓存和二级缓存近乎“爆满”，这时大容量的二级缓存则能够为处理器带来 5%～10% 的性能提升，对于要求特殊的用户来说是完全有必要的。

1.3.7 什么是 CPU 封装技术？

所谓“封装技术”是一种将集成电路用绝缘的塑料或陶瓷材料打包的技术。以 CPU 为例，我们所看到的体积和外观并不是真正的 CPU 内核的大小和面貌，而是 CPU 内核等元件经过封装后的产品。

封装对于芯片来说是必需的，也是至关重要的。因为芯片必须与外界隔离，以防止空气中的杂质对芯片电路的腐蚀而造成电气性能下降。另一方面，封装后的芯片也更便于安装和运输。由于封装技术的好坏还直接影响到芯片自身性能的发挥和与之连接的 PCB（印制电路板）的设计和制造，因此它是至关重要的。封装也可以说是指安装半导体集成电路芯片用的外壳，它不仅起着安放、固定、密封、保护芯片和增强导热性能的作用，而且还是沟通芯片内部世界与外部电路的桥梁。芯片上的接点用导线连接到封装外壳的引脚上，这些引脚又通过印刷电路板上的导线与其他器件建立连接。因此，对于很多集成电路产品而言，封装技术都是非常关键的一环。

目前采用的 CPU 封装技术多是用绝缘的塑料或陶瓷材料包装起来，能起到密封和提高芯片电热性能的作用。由于处理器芯片的内频会越来越高，功能会越来越强，引脚数也会越来越多，封装的外形也不断地在改变。封装时主要考虑的因素有：

（1）为提高封装效率，芯片面积与封装面积之比尽量接近 1∶1；

（2）引脚要尽量短，以减少延迟，引脚间的距离尽量远，以保证互不干扰，提高性能；

（3）基于散热的要求，封装越薄越好。

作为计算机的重要组成部分，CPU 的性能直接影响计算机的整体性能。而 CPU 制造工艺的最后一步也是最关键一步就是 CPU 的封装技术，采用不同封装技术的 CPU，在性能上存在较大差距。只有高品质的封装技术才能生产出完美的 CPU 产品。

1.3.8 如何选购 CPU?

1. 根据主板系统架构选择 CPU

Socket 754:适用于 64 位的 Athlon64 处理器。

Socket 940:适用于 AMD 64 FX 和 Opteron 处理器。

Socket 939:AMD 64 位处理器最新核心——Newcastle 使用的接口形式,适用于新的 Athlon64 FX 处理器和 Athlon64 处理器。

LGA 775:Intel 公司的 LGA 775 或称为 Socket T 架构将会在未来大行其道,主要适用于 Prescott 核心的新 Pentium4 处理器。

2. 根据性能要求选择 CPU

(1)低端市场选择:Celeron4 对阵 Thoroughbred 核心的 Athlon XP。

(2)中端市场选择:Pentium4 较量 Barton 核心 Athlon XP。

(3)高端市场选择:Prescott 核心 Pentium4 硬拼 Athlon64 FX。

3. 辨别 AMD CPU 真假盒装的最简单方法

(1)直接看包装盒上的防伪标志。假盒无论从什么方位看都是黄色;而真盒从正面看是暗红色的,侧看会变成黄色。

(2)打开包装后看 CPU 风扇的接线。假的为三根线,不具备智能风扇功能;而真的为四根线。

(3)看说明书。假的看上去就像一张折叠起来的纸;真的看上去像是一本书,但其实是一张折叠起来的。

1.3.9 CPU 的主要性能指标有哪些?

(1)主频即 CPU 的时钟频率(CPU Clock Speed)。一般说来,主频越高,CPU 的速度越快。

(2)内存总线速度(Memory-Bus Speed)指 CPU 与二级(L2)高速缓存和内存之间的通信速度。

(3)扩展总线速度(Expansion-Bus Speed)指安装在微型计算机系统上的局部总线(如 VESA 或 PCI 总线接口卡)的工作速度。

(4)工作电压(Supply Voltage)指 CPU 正常工作所需的电压。早期 CPU 的工作电压一般为 5V,随着 CPU 主频的提高,CPU 工作电压有逐步下降的趋势,以解决发热过高的问题。

(5)地址总线宽度决定了 CPU 可以访问的物理地址空间,对于 486 以上的微型计算机系统,地址线的宽度为 32 位,最多可以直接访问 4096 MB 的物理空间。

(6)数据总线宽度决定了 CPU 与二级高速缓存、内存以及输入/输出设备之间一次数据传输的信息量。

(7)内置协处理器含有内置协处理器的 CPU,可以加快特定类型的数值计算,某些需要进行复杂计算的软件系统,如高版本的 AUTO CAD 就需要协处理器支持。

(8)超标量是指在一个时钟周期内 CPU 可以执行一条以上的指令。Pentium 级以上 CPU 均具有超标量结构,而 486 以下的 CPU 属于低标量结构,即在这类 CPU 内执行一条指令至少需要一个或一个以上的时钟周期。

(9)L1 高速缓存即一级高速缓存。内置高速缓存可以提高 CPU 的运行效率。

(10)采用回写(Write Back)结构的高速缓存对读和写操作均有效,速度较快。而采用写通(Write-through)结构的高速缓存,仅对读操作有效。

1.4 内存篇

1.4.1 内存条 SDRAM,DDR,DDR2 的意义是什么?

(1)SDRAM(老式的),即 Synchronous DRAM(同步动态随机存储器),见图 1-24。

(2)DDR(全称 DDR SDRAM,双数据传输模式) 频率 266MHz,333MHz,400MHz。

(3)DDR2 DDR(现在主流)频率 533MHz,667MHz,800MHz,是 DDR SDRAM 内存的第二代产品,见图 1-25。它在 DDR 内存技术的基础上加以改进,其传输速度更快(可达 667MHz),耗电量更低,散热性能更优良。

图 1-24 SDRAM PC-133

图 1-25 金士顿 DDR2 PC-667

1.4.2 SDRAM、DDR、DDR2 有什么区别?

DDR,英文原意为"Double Data Rate",顾名思义,就是双数据传输模式,DDR 内存与 SDRAM 在相同的总线频率下,可以达到更高的数据传输率。

1. DDR 与 SDRAM 相比

从外形体积上看,DDR 与 SDRAM 相比差别并不大,他们具有同样的尺寸和同样的针脚距离。但 DDR 为 184 针脚,比 SDRAM 多出了 16 个针脚,主要包含了新的控制、时钟、电源和接地等信号。

DDR 内存采用的是支持 2.5V 电压的 SSTL2 标准,而不是 SDRAM 使用的 3.3V 电压的 LVTTL 标准。

DDR 运用了更先进的同步电路,使指定地址、数据的输送和输出主要步骤既独立执行,又保持与 CPU 完全同步。

DDR 使用了 DLL(Delay Locked Loop,延时锁定回路提供一个数据滤波信号)技术,当数据有效时,存储控制器可使用这个数据滤波信号来精确定位数据,每 16 次输出一次,并重新同步来自不同存储器模块的数据。

2. DDR 与 DDR2 相比

DDR2(Double Data Rate 2) SDRAM 是由 JEDEC(电子设备工程联合委员会)进行开发的新生代内存技术标准,它与上一代 DDR 内存技术标准最大的不同就是 DDR2 内存拥有两倍于上一代 DDR 内存预读取能力(即:4 位数据预读取)。换句话说,DDR2 内存每个时钟能够以 4 倍外部总线的速度读/写数据,并且能够以内部控制总线 4 倍的速度运行。因此 DDR2 频率更高，延迟稍大，电压较低。

1.4.3 DDR3在技术上比DDR2有哪些亮点？

1. 逻辑 Bank 数

DDR2 SDRAM 中有 4Bank 和 8Bank 的设计，目的就是为了应对未来大容量芯片的需求。而 DDR3 将从 2GB 容量起步，因此起始的逻辑 Bank 就是 8 个。

2. 封装（Packages）

DDR3 由于新增了一些功能，所以在引脚方面会有所增加，8 位芯片采用 78 球 FBGA 封装，16 位芯片采用 96 球 FBGA 封装，而 DDR2 则有 60/68/84 球 FBGA 封装三种规格，并且 DDR3 必须是绿色封装，不能含有任何有害物质。

3. 突发长度（BL，Burst Length）

对于 DDR2 和早期的 DDR 架构的系统，突发传输周期（BL，Burst Length）BL=4 也是常用的，由于 DDR3 的预设为 8 位，所以 BL=8，即增加了一个 4-bit Burst Chop（突发突变）模式，即由一个 BL=4 的读取操作加上一个 BL=4 的写入操作合成一个 BL=8 的数据突发传输，届时可通过 A12 地址线来控制这一突发模式。

4. 寻址时序（Timing）

DDR3 的延迟周期（CL）也将比 DDR2 有所提高。DDR2 的 CL 范围一般在 2～5 之间，而 DDR3 则在 5～11 之间，且附加延迟（AL）的设计也有所变化。DDR2 的 AL 范围是 0～4，而 DDR3 的 AL 有三种选项，分别是 0、CL-1 和 CL-2。另外，DDR3 还新增加了一个时序参数——写入延迟（CWD），这一参数将根据具体的工作频率而定。

5. 新增功能——重置（Reset）

重置是 DDR3 新增的一项重要功能，并为此专门准备了一个引脚。这一引脚将使 DDR3 的初始化处理变得简单。当 Reset 命令有效时，DDR3 内存将停止所有的操作，并切换至最少量活动的状态，以节约电力。

6. 新增功能——ZQ 校准

ZQ 也是一个新增的脚，在这个引脚上接有一个 240Ω 的低公差参考电阻。这个引脚通过一个命令集，通过片上校准引擎（ODCE，On-Die Calibration Engine）来自动校验数据输出驱动器导通电阻与 ODT 的终结电阻值。

7. 参考电压分成两个

对于内存系统工作非常重要的参考电压信号 VREF，在 DDR3 系统中将分为两个信号。一个是为命令与地址信号服务的 VREFCA，另一个是为数据总线服务的 VREFDQ，它将有效提高系统数据总线的信噪等级。

另外，为了提高系统性能，对 DDR3 进行了重要改动，点对点连接（P2P，Point-to-Point），大大减轻了地址/命令/控制与数据总线的负载。此外，DDR3 还新增根据温度自动自刷新（SRT，Self-Refresh Temperature）、局部自刷新（RASR，Partial Array Self-Refresh）功能，这都是为了最大限度地减少因自刷新产生的电力消耗。

从整体规格看，DDR3 在设计思路上与 DDR2 的差别并不大，提高传输速率的方法仍然是提高预取位数。但是，在相同的时钟频率下，DDR2 与 DDR3 的数据带宽是一样的，只不过 DDR3 的速度提升潜力更大。在能耗控制方面，DDR3 也较出色得多，因此移动设备上率先开始使用。

1.4.4 如何识别真假内存条?

涂改、打磨之所以为我们所熟悉,很大程度与内存产品有关。以往的散装内存大部分都是涂改、打磨条。不过随着越来越多盒装品牌进入国内市场,而部分主流品牌对旗下的产品进行严格监管,出现涂改的内存已经越来越少。如今要注意的主要是内存的货源渠道和以次充好现象。虽然目前的涂改内存条行情已经大不如前,但不代表市场就没有涂改产品出现,以 HY 为例,见图 1-26,在散装内存中,这样的情况依然出现。有部分商家更是将原本 DDR333 芯片打磨成 DDR400 来销售,而有部分商家也推出一些只适用于非 Intel 芯片的特别版内存。总之,如今的散装内存依然是迷雾重重,稍不留意,很容易被不法商家所欺骗。真假内存的分辨参见图 1-27、图 1-28。

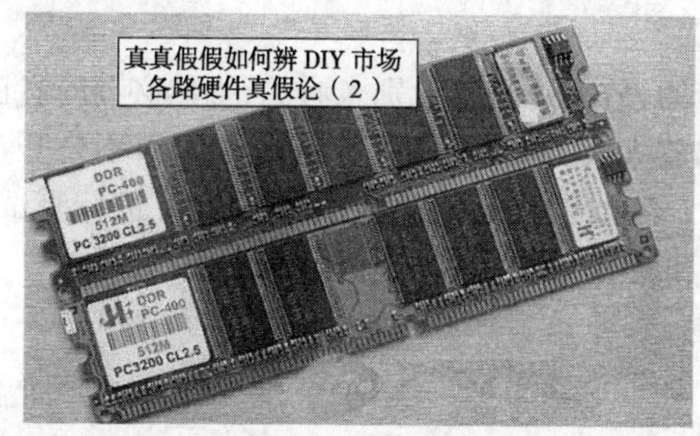

上为真,下为假

图 1-26　假的 HY 内存

图 1-27　假的金士顿 DDR2 667

图 1-28　真的金士顿 DDR2 667

至于盒装内存,也有可能存在问题。例如有商家就通过一些渠道弄些异地行货来市场销售,而这些盒装内存表面上是正品,但实际上它们的保修内容远远没有达到真正行货的要求。除了保修方面要注意之外,盒装内存中的芯片颗粒也需要我们留意。由于如今的盒装内存厂商很喜欢转换芯片颗粒,所以在升级内存的时候,最好选择一些和原有内存芯片颗粒一致的产品。如果实在找不到原有内存芯片颗粒,也尽量购买兼容性突出的芯片颗粒。建议购买经过多数人试验的三星、HY 芯片颗粒。

1.4.5 如何选购内存条?

1. 了解内存的技术指标

内存的时钟周期、存取时间和 CAS 延迟时间是衡量内存性能比较直接的重要参数,它们都可以通过在主板 BIOS 中设置。

时钟周期:代表内存可以运行的最大工作频率,数字越小说明内存所能运行的频率就越高。时钟周期与内存的工作频率是成反比的。

存取时间:仅代表访问数据所需要的时间。其单位以纳秒(ns)表示存取时间越短,则该内存条的性能越好。

CAS(纵向地址脉冲)延迟时间:内存性能的一个重要指标,是内存纵向地址脉冲的反应时间。CAS 反应时间基本上都是 3,也有部分是 2 的。

奇偶校验(ECC):内存工作时,极有可能在频繁的传输数据的过程中出现错误。ECC 就是一种数据检验机制。ECC 不仅能够判断数据的正确性,还能纠正大多数错误。

2. 注意主板支持

现在市面上 100% 的主板生产大厂都已经出产了不只一种的主板支持使用 DDR 内存,虽然 DDR 与 SDRAM 在物理线数上存在着很大的分别,两者理论上是不能共存的,可是有一些厂商为了能够提高产品在市场上的存在价值和为了让产品的竞争力提高,也生产了 DDR 与 SDRAM 都能够使用的主板。这些主板总共拥有 4 条内存插槽,两条是专供 DDR 内存使用,两条是专供 SDRAM 内存使用,通过主板上的跳线系统更换所属方式。虽然不能将 DDR 与 SDRAM 混合使用,可也给用户提供了两种内存购买的选择。所以在购买内存的时候先得分清所使用的主板是支持哪一种格式的内存条,只要向主板提供商询问就可以知道的了。

3. 慧眼识真假

购货过程中随身准备一个放大镜是必需的,放大镜是拿给别人看的,当然必要时自己也可以用。在让摊主拿货前一定要让他看见你的放大镜,这样他才可能有所顾虑而不公开拿假货给你。我们看到的内存应是管脚和焊点很少,整条内存整洁清爽,通过 CPU-Z 进行测试,里面有内存信息,PCB 上连 CE 标志应完整,贴阻和电容无缺失。

1.5 外存储器篇

1.5.1 硬盘的主要技术参数有哪些?

(1)容量(Volume):容量的单位为兆字节(MB)或千兆字节(GB)。目前的主流硬盘容量为 80GB ~ 500GB。影响硬盘容量的因素有单盘容量和盘片数量。可以看到,计算机中显示出来的容量往往比硬盘容量的标称要小。这是由于不同的单位转换关系造成的。我们知道,在计算机中 1GB = 1024MB,而硬盘厂家通常是按照 1G = 1000MB 进行换算的。

(2)单片容量(storage per disk):由于硬盘都是由一个或几个盘片组成的,所以单片容量就是指包括正反两面在内的每个盘片的总容量。

(3)硬盘的转速(rotationl speed):也就是硬盘电动机主轴的转速以转/每分钟表示,单位为 rpm(Revolution Perminute 的缩写),转速是决定硬盘内部传输率的关键因素之一,它的快慢在很大程度上影响了硬盘的速度,转速的快慢也是区分硬盘档次的重要标志之一。硬盘的主轴电动机带动盘片高速旋转,产生的浮力使磁头悬浮在盘片上方。要将存取资料的扇区带到磁头下方,转速越快等待时间也就越短。因此,转速在很大程度上决定了硬盘的速度。目前市场上常见的硬盘转速一般有 5400rpm、7200rpm、甚至 10000rpm。

(4)平均寻道时间(average seek time):指硬盘在盘面上移动读写头至指定磁道寻找相应目标数据所用的时间,它描述硬盘读取数据的能力,单位为毫秒(ms)。当单片容量增大时,磁头的寻道动作和移动距离减少,从而使平均寻道时间减少,加快硬盘速度。目前市场上主流硬盘的平均寻道时间一般在 7ms 以下。

(5)平均潜伏期(average latency):也叫平均等待时间,是指当磁头移动到数据所在的磁道以后,等待指定的数据扇区转动到磁头下方的时间,单位为毫秒(ms)。平均潜伏期时间是越小越好,潜伏期短代表硬盘在读取数据时的等待时间更短,转速越快的硬盘具有更低的平均潜伏期,而与单片容量关系不大。一般来说,5400rpm 硬盘的平均潜伏期为 5.6ms,而 7200rpm 硬盘的平均潜伏期为 4.2ms。

(6)平均访问时间(average access time):是指磁头从起始位置到达目标磁道位置,并且从目标磁道上找到指定的数据扇区所需的时间,单位为毫秒(ms)。平均访问时间体现了硬盘的读写速度,它包括了硬盘的平均寻道时间和平均潜伏期,即:平均访问时间=平均寻道时间+平均潜伏期。

(7)数据传输率(Data Transfer Rate):可分为外部传输率(External Transfer Rate)和内部传输率(Internal Transfer Rate)。以目前IDE硬盘的发展现状来看,理论上采用ATA-66传输协议的硬盘外部传输率已经达到66.6Mb/s,然而最新采用的ATA-100传输协议的硬盘外部,传输率又可达100MB/s。

(8)数据缓冲存储器(cache buffer):缓存是硬盘与外部总线交换数据的场所。硬盘的读数据的过程是将磁信号转化为电信号后,通过缓存一次次地填充与清空,再填充,再清空,一步步的按照PCI总线的周期送出。可见,缓存的作用是相当重要的。在接口技术已经发展到一个相对成熟的阶段的时候,缓存的大小与速度是直接关系到硬盘的传输速度的重要因素。目前主流IDE硬盘的数据缓存都是2MB。

图1-29是西部数据硬盘WD 1TB 7200rpm 32MB(串口WD10EADS),硬盘容量:1000 GB,缓存:32MB ,接口类型:Serial ATA ,转速:7200rpm。

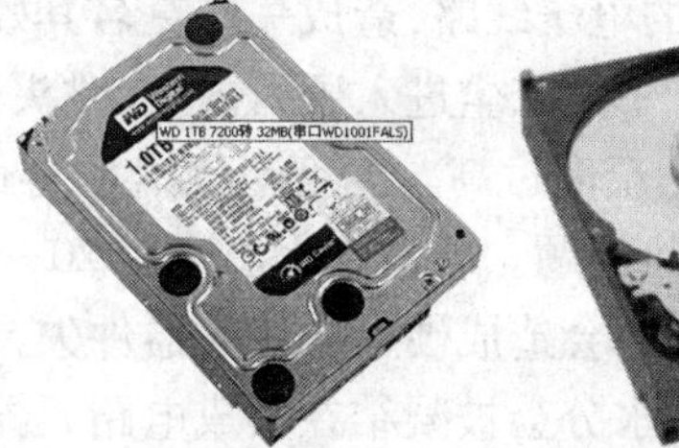

图1-29 WD 1TB 7200rpm 32MB

1.5.2 硬盘的单片容量是如何带来总容量的增加的?

硬盘单片容量的提高意味着生产厂商研发技术的提高,所带来的好处不仅使硬盘的容量增加,而且还会带来硬盘性能的相应提升。因为单片容量的提高就是盘片磁道密度(每英寸的磁道数)的提高,磁道密度的提高不但意味着提高了盘片的磁道数量,而且在磁道上的扇区数量也得到了提高,所以盘片转动一周,就会有更多的扇区经过磁头而被读出来,这也是相同转速的硬盘单片容量越大内部数据传输率就越快的一个重要原因。此外单片容量的提高使线性密度(每英寸磁道上的位数)也得以提高,有利于硬盘寻道时间的缩短。

1.5.3 硬盘的转速提高会带来哪些负面的影响?

理论上,转速越快越好。因为较高的转速可缩短硬盘的平均寻道时间和实际读写时间。可是转速越快发热量越大,不利于散热。而且,转速的提高也带来了磨损加剧、温度升高、噪声增大等一系列负面影响。于是,应用在精密机械工业上的液态轴承马达(Fluid dynamic bearing motors)便被引入到硬盘技术中。液态轴承马达使用的是黏膜液油轴承,以油膜代替滚珠。这样可以避免金属面的直接摩擦,将噪声及温度被减至最低;同时油膜可有效吸收振动,使抗振动能力得到提高;更可减少磨损,提高寿命。

1.5.4 IDE接口硬盘与SATA、SCSI硬盘性能参数区别?

IDE老式的硬盘接口,现在慢慢开始淘汰。其传输速率66Mbps。老式硬盘的转速为5400rpm,现在的一般为7200rpm。

SATA新一代硬盘接口,现在分为SATA 1和SATA 2。其速率也为133Mbps以上,7200rpm。

SCSI 硬盘一般用于服务器上面，其价格昂贵，传输速度快。速度主要体现在其缓存大，磁盘转速快。早两年的转速在 10000rpm。新型的 SCSI 硬盘已经达到 15000rpm。

1.5.5 如何提高硬盘使用寿命？

(1)硬盘在工作时不能突然关机。当硬盘开始工作时，一般都处于高速旋转之中，如果中途突然关闭电源，可能就会导致磁头与盘片猛烈摩擦而损坏硬盘，因此要避免突然关机。关机时一定要注意面板上的硬盘指示灯是否还在闪烁，只有在其指示灯停止闪烁、硬盘读写结束后方可关闭计算机的电源开关。

(2)防止灰尘进入。灰尘对硬盘的损害是非常大的，这是因为在灰尘严重的环境下，硬盘很容易吸附空气中的灰尘颗粒，使其长期积累在硬盘的内部电路元器件上，会影响电子元器件的热量散发，使得电路元器件的温度上升，产生漏电或烧坏元件。另外灰尘也可能吸收水分，腐蚀硬盘内部的电子线路，造成一些莫名其妙的问题。切记：一般计算机用户不能自行拆开硬盘盖，否则空气中的灰尘进入硬盘内，在磁头进行读、写操作时划伤盘片或磁头。

(3)要防止温度过高。温度对硬盘的寿命也是有影响的。硬盘工作时会产生一定热量，使用中存在散热问题。硬盘工作温度以 20～25℃为宜，过高或过低都会使晶体振荡器的时钟主频发生改变，还会造成硬盘电路元器件失灵，磁介质也会因热胀效应而造成记录错误。温度过低，空气中的水分会被凝结在集成电路元器件上，造成短路。机房内的湿度以 45%～65%为宜。注意使空气保持干燥或经常给系统加电，靠自身发热将机内水汽蒸发掉。另外，尽量不要使硬盘靠近强磁场，如音箱、喇叭、电机、电台、手机等，以免硬盘所记录的数据因磁化而损坏。

(4)要定期整理硬盘上的信息。在硬盘中，频繁地建立、删除文件会产生许多碎片，碎片积累多了，日后在访问某个文件时，硬盘可能会花费很长的时间，不但访问效率下降，而且还有可能损坏磁道。为此，我们应该经常使用 Windows 系统中的磁盘碎片整理程序对硬盘进行整理，整理完后最好再使用硬盘修复程序来修补那些有问题的磁道。

(5)要定期对硬盘进行杀毒。现在的病毒攻击范围越来越广泛，而硬盘作为计算机的信息存储基地，通常是其攻击的首选目标。应该注意利用最新的杀毒软件对病毒进行查杀，同时要注意对重要数据进行保护和经常性的备份。

(6)用手拿硬盘时要小心。在日常的计算机维护工作中，稍有不慎也会使硬盘"报废"的，在用手拿硬盘时一定要做到以下两点：

①要轻拿轻放，不要磕碰或者与其他坚硬物体相撞；

②不能用手随便地触摸硬盘背面的电路板。这是因为在气候干燥时，人体通常带有静电，在这种情况下用手触摸硬盘背面的电路板，则人体静电就可能伤害到硬盘上的电子元器件，导致硬盘无法正常运行。因此，在手拿硬盘时应该抓住硬盘两侧，并避免与其背面的电路板直接接触。有些类型的硬盘会在其外部包上一层护膜，它除具备防振功能外，电路板保护其中，这样就可以不用担心静电问题了。

(7)尽量不要使用硬盘压缩技术。一般用户在硬盘空间不够用时，总是会想方设法节省硬盘空间，例如常见的措施是通过 Doublespace、Drvspace 命令来压缩硬盘空间。但当压缩卷文件逐渐增大时，这种方法就有一个很明显的缺点，那就是硬盘的读写数据速度大大降低了。随着硬盘技术的飞速发展，磁盘的容量也是节节攀高，很难再出现以前那种硬盘空间不够用的情况了，所以我们也没有必要再使用硬盘压缩技术了。

(8)在工作中不能移动硬盘。硬盘是一种高精设备，工作时磁头在盘片表面的浮动高度只有几微米。当硬盘处于读写状态时,一旦发生较大的振动,就可能造成磁头与盘片的撞击,导致损坏。所以不要搬动运行中的微型计算机。在硬盘的安装、拆卸过程中应多加小心,硬盘移动、运输时严禁磕碰,最好用泡沫或海绵包装保护一下,尽量减少振动。

(9)使用塑料或橡皮来消除硬盘噪声。在硬盘转速相对较高的情况下,如果硬盘被固定在金属托架上或者放置不当时,一旦接通电源,硬盘就有可能出现比较强烈的振动,时间一长,就有可能损坏硬盘的磁头或者划伤硬盘的磁道。为了消除噪声,可以利用硬盘上靠近四个角的安装螺钉孔,用弹力大、质地好的橡皮筋将硬盘悬吊在机箱内,以便达到减震的目的。

1.5.6 光驱的内部结构是怎样的?

光驱内部结构由激光头组件、主轴电动机、光盘托架和启动机构组成,见图1-30。

(1)激光头组件:包括光电管、聚焦透镜等。

(2)主轴电动机:驱动光盘高速运转时,提供快速的数据定位功能。

(3)光盘托架:在开幕词和关闭状态下的光盘承载体。

(4)启动机构:控制光盘托架的进出和主轴电动机的启动。

图1-30 光驱内部结构图

1.5.7 光盘是怎样被读写的?

光盘是利用激光束在记录表面存储信息的,根据激光束和反射光的强弱,可以实现信息的读写。对于只读型或只写一次的光盘而言,写入时将能量高度集中,在记录介质上发生物理或化学变化,从而存储信息,主要是形成小凹坑,有坑的地方记录"1",反之是"0"。可擦写光盘是利用激光在磁性薄膜上产生热磁效应记录与擦除信息。

1.5.8 光驱是怎样工作的?

光驱(光盘驱动器)是一个结合光学、机械及电子技术的产品。在光学和电子结合方面,激光光源来自于一个激光二极管,它可以产生波长约0.54~0.68μm的光束,经过处理后光束更集中且能精确控制。光束首先打在光盘上,再由光盘反射回来,经过光检测器捕获信号。光盘上有两种状态,即凹点和空白,它们的反射信号相反,很容易经过光检测器识别。检测器所得到的信息只是光盘上凹凸点的排列方式,驱动器中有专门的部件把它转换并进行校验,然后才能得到实际数据。光盘在光驱中高速的转动,激光头在伺服电机的控制下前后移动读取数据。光驱利用激光头中的光电二极管,产生波长约0.54~0.68μs的光束,经过处理后光束更集中,能精确控制。光束首先打在光盘上,再由光盘反射回来,经过光检测器捕获信号。

(1)无光盘状态。在无光盘状态下,光驱加电后,激光头组件启动,此时光驱面板指示灯将闪亮,同时激光头组件移动到主轴电机附近,并由内向外顺着导轨步移动,最后又回到主轴电机附近,激光头的聚焦将向上移动三次搜索光盘,同时主轴电机也顺时针启动3次,然后激光头组件复位,主轴电机停止运行,面板指示灯熄灭。

(2)有光盘状态。光驱中有光盘的状态下,激光头聚焦重复搜索动作,当找到光盘后,主轴电机将加速旋转,此时若读取光盘,面板指示灯将不停地冷却,步进电机带动激光头组件移动到光盘数据处,聚焦透镜将数据反射到接收光电管,微型计算机即可读取光盘数据。若停止读取光盘数据,面板指示灯则会熄灭。

1.5.9 目前流行的闪存卡有哪些标准?

目前闪存卡、记忆卡有:CF、MMC、SD、MINI-SD、RS-MMC、T-Flash、MS、MS PRO、MS Duo 九种,部分实物见图 1-31。下面我们了解一下这几种卡的规格。

图 1-31 MD\SD\CF 卡

(1)CF 卡。即 Compact Flash,一种袖珍闪存卡(尺寸为 43mm × 36mm × 3.3mm),存储文件的速度比较快、存储容量适中,能耗低,在中、高档数字照相机上应用比较多。CF 存储卡的部分结构采用强化玻璃及金属材料,CF 存储卡采用 Standard ATA/IDE 接口界面,配备有专门的 PCM-CIA 适配器(转接卡),笔记本计算机的用户可直接在 PCMCIA 插槽上使用,使数据很容易在数码相机与计算机之间传递。目前最高容量可以达到 8GB。

(2)MMC 卡。即 MultiMediaCard。由西门子公司和首推 CF 的 SanDisk 公司于 1997 年推出。1998 年 1 月,14 家公司联合成立了 MMC 协会(Multi Media Card Association 简称 MMCA),现在已经有超过 84 个成员。MMC 的发展目标主要是针对数码影像、音乐、手机、PDA、电子书、玩具等产品,尺寸只有 32mm × 24mm × 1.4mm,质量只有 1.5g。MMC 也是把存储单元和控制器一同做到了卡上,智能的控制器使得 MMC 保证兼容性和灵活性。

MMC 被设计为一种低成本的数据平台和通信介质,它的接口设计非常简单:只有 7 针,操作电压为 2.7 ~ 3.6V,写/读电流只有 27mA 和 23mA,功耗很低。它的读写模式包括流式、多块和单块。最小的数据传送是以块为单位的,缺省的块大小为 512 字节。

(3)SD 卡。即 Secure Digital Card 卡,由松下、东芝和 SanDisk 公司联合推出,1999 年 8 月首次发布。2000 年 2 月 1 日 SD 协会(Secure Digital Association 简称 SDA)成立,公司成员已经超过 90 个,阵容强大。其中包括 IBM,Microsoft,Motorola,NEC、Samsung 等。SD 卡数据传送和物理规范由 MMC 发展而来,大小和 MMC 差不多,尺寸为 32mm × 24mm × 2.1mm。长宽和 MMC 一样,只是厚了 0.7mm,以容纳更大的存储单元。SD 卡与 MMC 卡保持着向上兼容,也就是说,MMC 可以被新的 SD 设备存取,兼容性则取决于应用软件,但 SD 卡却不可以被 MMC 设备存取。(SD 卡外形采用了与 MMC 厚度一样的导轨式设计,以使 SD 设备可以适合 MMC),SD 接口除了保留 MMC 的 7 针外,还在两边加多了 2 针。作为数据线,采用了 NAND 型 Flash Memory,基本上和 SmartMedia 的一样,平均数据传输率能达到 2Mb/s。

(4)MINI-SD 卡。顾名思义, MINI SD 卡比起目前主流的 SD 卡,在外形上更加小巧,质量仅有 30g,体积只有 21.5 × 20 × 1.4mm,比 SD 卡足足节省了 60% 的空间,别小看这么小的外形,它可以让数码设备的体积节约 40% 的空间,用于更小的手机、DV 等数码产品。随着消费数码产品的功能越来越大,用户对大容量存储卡的需求也日益增长,目前的 512M、1GB 等容量已经逐渐普及,未来趋势还会成倍增长。

MINI SD 卡支持平均读写演算法(wear leveling algorithms),自动错误更正(ECC)等多种功能,使得 MINI SD 卡在使用寿命上更长,能耗更低。目前市面上的 MINI SD 卡都支持 MINI SD/SD Card(搭配转接卡)标准界面。因此,在原有的 SD 卡设备上使用 MINI SD 卡变得非常方便。

(5)RS-MMC 卡。与 MINI-SD 卡一样,RS-MMC 卡也是一款投放市场不久的超小型闪存卡。S MMC 卡标准体积为 24mm × 18mm × 1.4mm,只有标准 MMC 卡的一半大小,仅比新版的一角硬币大一点点,然而却继承和沿袭了 MMC 卡所有的优势和性能特征。RS-MMC 卡同样支持自动错误改正 (ECC)、线上实时更新程序(ISP)功能和平均读写演算法(wear leveling algorithms)等诸多功能,在功耗、存储速度等方面比主流的 SD 卡、MMC 卡更加优秀。作为目前 MMC 卡标准的延伸技术,RS-MMC 卡解决了困扰手机及消费电子开发者很久的空间问题,使得设计超小外形的电子产品成为现实。正因如此,RS-MMC 卡一经推出便受到了诺基亚等手机业界巨头的支持。

(6)T-Flash 卡。随着拍照手机和智能手机的普及,手机用的内存也成为了厂商眼中的新一轮的利润增长点,近日存储业界的巨头美国 SanDisk 公司就发布了专为移动电话开发的小型闪存“SanDisk T-Flash”。T-Flash 的体积只有 11mm × 15mm × 1mm,使用了 MLC(多层控制单元)技术的 NAND 型闪存,最初有 32MB、64MB、128MB 三种规格。这种闪存的面积约为 MINI-SD 卡的一半,体积只有其 1/4 左右,这也是目前世界上可更换类闪存的最小产品。

(7)MS。全称:Memory Stick 记忆棒,由索尼公司开发。尺寸为:50mm × 21.5mm × 0.28mm,重 4g,采用精致醒目的蓝色外壳(新的 MG 为白色),并具有写保护开关。和很多 Flash Memory 存储卡不同,Memory Stick 规范是非公开的,没有什么标准化组织。采用了 SONY 公司自己的外形、协议、物理格式和版权保护技术,要使用它的规范就必须和 SONY 公司谈判签订许可。目前所知道的是 Memory Stick 也包括了控制器在内,采用 10 针接口,数据总线为串行,最高频率可达 20MHz,电压为 2.7V 到 3.6V,电流平均为 45mA。可以看出这个规格和差不多同一时间出现的 MMC 相似。

MS 独立针槽的接口易于从插槽中插入或抽出,不容易损坏,而且针与针之间绝不会互相接触,大大降低针与针接触而发生的误差,令资料传送更为可靠;比起插针式存储卡也更容易清洁。

(8)MS PRO。全称:Memory Stick PRO(增强型记忆棒、记忆棒 PRO),这种新的记忆棒外形和体积与普通记忆棒相同,但性能和容量提高到了原来的数倍,增强型记忆棒设计上的最大容量达到 32GB,读写速度也有数倍的提升。

(9)MS Duo。全称:Memory Stick Duo,即微型记忆棒,微型记忆棒的体积和重量都为普通记忆棒的 1/3 左右。

1.6 显示器与显卡篇

1.6.1 液晶显示器的显示原理是什么?

液晶显示器的原理是利用液晶的物理特性,通电时导通,排列变得有秩序,使光线容易通过;不通电时排列混乱,阻止光线通过。

按照物理结构,LCD 液晶显示器可分为无源矩阵显示器的双扫描无源阵列显示器(DSTN-LCD)和有源矩阵显示器的薄膜晶体管有源阵列显示器(TFT-LCD)。

DSTN(Dual Scan Tortuosity Nomograph)双扫描扭曲阵列是液晶的一种,由这种液晶体所构成的液晶显示器对比度和亮度较差、可视角度小、色彩欠丰富,但是它结构简单价格低廉,因此仍然在市场中存在。

TFT(Thin film transistor)薄膜晶体管,是指液晶显示器上的每一液晶像素点都由集成在其后的薄膜晶体管来驱动。相比 DSTN-LCD,TFT-LCD 具有屏幕反应速度快,对比度和亮度高,可视角度大,色彩丰富等特点,克服了前者的许多弱点,是当前 Desktop LCD 和 Notebook LCD 的主流显示设备。

1.6.2 液晶显示器的主要参数有哪些?

(1)可视角度。一般而言,LCD 的可视角度都是左右对称的,但上下可就不一定了。而且,常常是上下角度小于左右角度。当然了,可视角是越大越好。然而,大家必须要了解的是可视角的定义。当我们说可视角是左右 80°时,表示站在始于屏幕法线 80°的位置时仍可清晰看见屏幕图像,但每个人的视力不同,因此我们以对比度为准,在最大可视角时所量到的对比度越大越好。一般而言,业界有 CR3 10 及 CR3 5 两种标准(CR is Contrast Ratio 即对比度)。

(2)亮度、对比度。TFT 液晶显示器的可接受亮度为 150cd/m^2 以上,目前国内能见到的 TFT 液晶显示器亮度都在 200cd/m^2 左右,亮度低一点则感觉暗,再亮当然更好,然而对绝大多数用户而言却没有什么实际意义。对比度则普遍达到了 300:1以上。

(3)响应时间。响应时间越小越好,它反应了液晶显示器各像素点对输入信号反应的速度,即像素点由暗转亮或由亮转暗的速度。响应时间越小则使用者在看运动画面时不会出现尾影拖拽的感觉。一般会将反应速率分为两个部分:Rising 和 Falling;而表示时以两者之和为准。现在主流的显示器的显示时间已经 从 25ms 到了 16 ~ 12ms,部分高端显示器更是达到了 8ms,当然价格也就不菲了。

(4)示色素。几乎所有 15 英寸 LCD 都只能显示高彩 (256K),因此许多厂商使用了所谓的 FRC (Frame Rate Control)技术以仿真的方式来表现出全彩的画面。当然,此全彩画面必须依赖显示卡的显存,并非显卡支持 16 百万色全彩就能使 LCD 显示出全彩。

(5)尺寸。平板显示器的尺寸是以屏幕对角线的长度来决定的,因此 15.1 英寸 LCD 液晶显示器等于 17 英寸 CRT 液晶显示器。

(6)坏像素。LCD 液晶显示器屏幕上有成千万个晶体管,很难保证 100% 完好,而且损坏的像素无法修好,通常 3 ~5 个坏像素都是合理的。

针对液晶管质量的高低,业界一般用 A、B、C 来区分等级。A 级比 B 级的档次要高,C 级档次最低。A 级管的规格允许有不处抓痕或毛边,亮点数不越过 10 个。

1.6.3 如何识别液晶坏点、亮点?

在液晶显示器价格不断下滑的时候,液晶产品已经成为人们装机首选的对象。由于液晶与 CRT 产品有着本质上的区别,所以在购买液晶显示器的时候就遇到一些不太明白的情况。例如商家就经常对消费者说,液晶显示器在开箱之后,如果出现 3 个以上亮点、坏点才可以更换,假若只有一个亮点、坏点是不属于包换范围之内的。

液晶亮点、坏点的介绍:液晶面板是通过一块整板切割而成的,液晶每个像素都是由红、绿、蓝3个像素单元组成,可以抽象地把液晶看作是一个显示画面的电视墙,不过每个电视只能显示一个完整像素,而每个像素单元都对应有自己的驱动管。由于分辨率方面的问题,所以液晶面板在生产过程中不可避免地会出现损坏的驱动管。而当驱动管出现损坏时,相应的像素就会缺少一个色彩单元。在这个时候液晶显示器在显示的时候就出现了亮点或者暗点,而这些点就是大家平时所说的液晶坏点、亮点。简单来说,亮点仅仅是液晶面板缺少一个色彩的点,而该点是不会对其他点造成影响的。而坏点(见图1-32)却是比亮点更加严重的点,它不但使液晶显示缺少一个色彩的点,而且会对其他点造成影响,坏点的扩散特点会导致其他正常的点成为亮点或者坏点。

图1-32　液晶显示器坏点

在液晶显示器业界,有一个不成文的规定,凡是液晶显示器少于3个(包括3个)亮点、坏点,该液晶显示器依然属于正常的产品,消费者不能凭此理由要求更换产品。

1.6.4　显卡的作用是什么?

显卡又称为视频卡、视频适配器、图形卡、图形适配器和显示适配器等。它是主机与显示器之间连接的“桥梁”,其作用是控制计算机的图形输出,负责将CPU送来的影像数据处理成显示器认识的格式,再送到显示器形成图像。显卡主要由显示芯片(即图形处理芯片Graphic Processing Unit)、显存、数模转换器(RAMDAC)、VGABIOS、各方面接口等几部分组成。

1.6.5　显卡的技术参数有哪些?

(1)GPU (Graphic Processing Unit)图形处理芯片。GPU是显示卡的“心脏”,也就相当于CPU在计算机中的作用,它决定了该显卡的档次和大部分性能,同时也是2D显示卡和3D显示卡的区别依据。2D显示芯片在处理3D图像和特效时主要依赖CPU的处理能力,称为“软加速”。3D显示芯片是将三维图像和特效处理功能集中在显示芯片内,也即所谓的“硬件加速”功能。显示芯片通常是显示卡上最大的芯片(也是引脚最多的)。现在市场上的显卡大多采用NVIDIA和ATI两家公司的图形处理芯片。

(2)关于显存。

①容量。显存是显卡上的核心部件之一,它的优劣和容量大小会直接关系到显卡的最终性能表现。可以说显示芯片决定了显卡所能提供的功能和其基本性能,而显卡性能的发挥则在很大程度上取决于显存。我们在显示屏上看到的画面是由一个个的像素点构成的,而每个像素点都以4~32甚至64位的数据来控制画面的亮度和色彩,这些数据必须通过显存来保存,再交由显示芯片和CPU调配,最后把运算结果转化为图形输出到显示器上。

②显存速度。显存速度是指显存的工作频率,在显存颗粒上用纳秒表示(ns),一般有6ns、5ns、4ns、3.5ns、3ns等,显存工作频率=1/显存速度,例如5ns显存工作频率=1/5ns=200MHz。

③显存封装,是指显存颗粒所采用的封装技术类型,就是将显存芯片包裹起来,以避免芯片与外界接触(如空气中的杂质和不良气体),损害芯片上的精密电路。封装后,对内存芯片自身性能的发挥也起到至关重要的作用。显存封装形式,主要有QFP(小型方块平面封装)、TSOP-II(薄型小尺寸封装)、MBGA(微型球栅阵列封装)等。QFP封装显存已淘汰,与TSOP封

装显存相比，MBGA 显存性能更优异。

④显存类型，显存类型主要有 SDRAM，DDR SDRAM，DDR SGRAM 三种。

⑤显存位宽和带宽。显存中的信息并不是静态的，其需要不断地与显卡核心（GPU 或 VPU）进行数据交换，这就涉及到了显存位宽的概念。显存位宽就是指显存颗粒与外部进行数据交换的接口位宽，一般有 8 位、16 位、32 位等。

显存带宽就是显存每秒钟提供最大的数据交换量。显卡 GPU 计算后的数据要和显存之间进行数据交换，因此如果显存带宽不够高，就会严重影响显卡的性能。而显存带宽由显存位宽和显存频率以及显存颗粒数共同决定，即显存带宽 = 显存位宽 × 显存频率 × 显存颗粒数/8。

(3) 默认核心频率（GPU 的工作频率）。显卡的核心频率即显卡的默认工作频率，其数值一般越高越好。

(4) 接口部分。PCI Express（简称 PCI-E）采用了目前业内流行的点对点串行连接，比起 PCI 以及更早期的计算机总线的共享并行架构，每个设备都有自己的专用连接，不需要向整个总线请求带宽，而且可以把数据传输率提高到一个很高的频率，达到 PCI 所不能提供的高带宽。

(5) 其他性能。支持 DirectX 9.0，OpenGL2.0。

1.6.6 显卡有哪些分类？

(1) 按接口类型分为：ISA 显卡、PCI 显卡、AGP 显卡、PCI-E 显卡等类型，ISA 显卡、PCI 显卡已淘汰，AGP 显卡也面临淘汰，PCI-E 显卡是最新型的显卡，见图 1-33。

(2) 按结构形式分为：独立显卡和集成显卡。独立显卡是指将显示芯片、显存及其相关电路单独做在一块电路板上，自成一体地作为一块独立的板卡存在，它需占用主板的扩展插槽（ISA、PCI、AGP 或 PCI-E）。独立显卡按接口类型分为 ISA 显卡、PCI 显卡、AGP 显卡，接口传输速度最快的是 PCI-E 显卡。

图 1-34 为台湾著名显卡厂商 Sparkle 旌宇最新一款 GeForce FX 5700 Ultra 版本，采用 DDR3 的显存，核心/显存频率分别为 475MHz/900MHz。

图 1-33 鸿基 9800GT 暗黑王者 PCI-E 显卡

图 1-34 GeForce FX 5700 独立显卡

独立显卡单独安装有显存，一般不占用系统内存，在技术上也较集成显卡先进得多，比集成显卡能够得到更好的显示效果和性能，容易进行显卡的硬件升级。其缺点是系统功耗有所加大，发热量也较大，需额外花费购买显卡的资金。

集成显卡是将显示芯片、显存及其相关电路都做在主板上，与主板融为一体。集成显卡的显示芯片有单独的，但大部分都集成在主板的北桥芯片中；一些主板集成的显卡也在主板上单独安装了显存,但其容量较小,目前绝大部分的集成显卡均不具备单独的显存,需使用系统内存来充当显存,其使用量由系统自动调节。集成显卡的显示效果与性能较差,不能对显卡进行硬件升级,其优点是系统功耗有所减少,不用花费额外的资金购买显卡。

图 1-35　技嘉 7VM400AM-RZ KM400 462 集成显卡

集成显卡与主板融为一体,显示芯片通常位于 CPU 与 PCI 扩展槽之间的北桥芯片附近,现在很多显示芯片集成与北桥芯片中。与显示器连接的插座位于机箱后面板的串口下方,见图 1-35。

1.7　机箱和电源篇

1.7.1　如何选购电源?

选购电源要注意事项有以下几点:

(1)电源功率。选购电源时,首先要查看产品的功率,一般在电源铭牌上常见到的有峰值(最大)功率和额定功率两种标称参数。其中峰值功率是指当电压、电流在不断提高,直到电源保护起作用时的总输出功率,但它并不能作为选择电源的依据。用于有效衡量电源的参数是额定功率,额定功率是指电源在稳定、持续工作下的最大负载,额定功率代表了一台电源真正的负载能力。虽然电源都有一定的冗余,比如额定功率 300W 的电源,在 310W 的时候还能稳定正常的工作,但使用时尽量不要超过额定功率,否则可能导致电源或其他计算机部件因为过流而烧毁。

(2)电源接口。供电接口设计是 2.0 与 1.3 版电源所不同的地方之一。为了满足大功率供电需求,ATX12V 2.0 主供电接口是在 1.3 版的 20Pin 基础上,增强采用的 24Pin 接口。为了照顾旧平台用户,市面上大部分 2.0 电源主供电接口都采用“分离式”设计或附送一条24Pin ~ 20Pin 的转换接头,这样的设计非常体贴。另外,主板副供电一般使用的都是 4Pin 接口,但某些高端主板上已经采用了 8Pin 接口,大家选购时也必须注意。2.0 版电源上一般都带有多个 IDE 设备供电接口(硬盘、光驱、AGP 显卡辅助供电等)和 2 ~ 4 个 SATA 硬盘供电接口。现在 SATA 规格已经成为硬盘主流,很多电源上依然保留了软驱供电接口,另外部分电源产品还配置有 6Pin 显卡辅助供电接口,以方便用户在使用高端 PCI-E 显示器时进行辅助供电。

(3)电源的转换效率。转换效率就是输出功率除以输入功率的百分比,它是一项非常重要的电源指标。由于电源在工作时有部分电量转换成热量损耗掉了,因此电源必须尽量减少热量即电量的损耗。旧版 1.3 的电源要求满载下最小转换效率为 70%,而 2.0 版更是将推荐转换效率提高到了 80%。随着技术进步,电源厂商都把研发精力转移到提高电源的转换效率上来,而不是提高电源瓦数。

(4)电源散热设计及噪音。基于散热效果和成本因素,一般市售电源产品都采用风冷散热设计,其中前排式和大风车散热形式最为常见,而直吹式形式是世纪之星电源产品的专利设计。它对于电源内部散热性能良好,工作噪音较低,且成本较低,但在 350W 以上的高端电源上散热效果欠佳。

风冷散热设计必然会产生一定噪音,PC 电源的主要噪音来源于电源的散热风,要想散热效果好,噪音就会大,但是静音环境也是很多用户所重视的地方。为了使散热效能和静音之间得到平衡,一般较好的电源都带有智能温控电路,主要是通过热敏电阻实现散热的。当电源开始工作时,风扇供电电压为7V,当电源内温度升高,热敏电阻阻值减小,电压逐渐增加,风扇转速也提高。这样就可以保持机壳内温度保持一个较低的值。在负载很轻的情况下,能够实现静音效果。负载很大时,能保证良好的散热。

(5)电源品牌。市场上产品品牌众多,以性价比而言,长城,航嘉,全汉(FSP)更值得推荐,当然酷冷至尊 CoolerMaster,TT,台达,英志保得利,康舒也不错。其他还有世纪之星,金河田,九州风神等品牌。

1.7.2 如何选购机箱?

(1)好的机箱,在抗震防磁的性能一定是非常好的。要有好的抗震性能,机箱的外壳一定是比较重的,否则怎能根基稳固?一般厚重的机箱防磁的性能也是比较好的。要求比较高的话,可以选购有屏蔽层的机箱。

(2)用手指弹弹机箱的外壳,如果能听到清脆的敲击声证明该机箱的钢板比较薄而脆,如果听到的是比较沉闷厚重的声音,那该机箱的选料一定不错。好的钢板一般镀有一层很薄的锌(光亮的部分),这样可以经受的强度高,硬度和弹性强。机箱的框架部分采用的钢材一般是硬度比较高的优质材料,折成角钢形状或条形。将拆掉外壳的机箱框架使劲用手摇一摇,好机箱应该比较稳定,而劣质机箱轻则容易晃动。

(3)注意机箱外层和内部支架边缘切口是否圆滑,一个好机箱不会出现机箱毛边、锐口、毛刺等,不伤手。

(4)风道设计,好的机箱散热比较好,散热好并不是多开几个出风口就可以实现的。品牌机散热好是由于风道都是精心设计的,良好的风道设计应该是自下而上,底部进风,中部或上部出风,这样既可以让风在里面循环,带走所有热量,又不容易吸进灰尘。

1.8 辅助配件篇

1.8.1 如何搭配与选择声卡?

前主板搭配的板载声卡大多可以满足500元以下的音箱,很多新型号主板甚至用上了HD Audio,Realtek 声效芯片,特别是 INTER 的 945 和 955 板上用到了 ALC880 ALC882 的芯片,其理论价值已经超越了一般二三百元的独立卡了,而且声卡大多板载声卡都支持多声道环绕,甚至支持 AC-3,所以,如果音箱一般,就不必更换声卡了。

图 1-36 为创新 SB Audigy Value 声卡,声卡芯片:32 位 Audigy;支持声道数:5.1 声道;音效支持:EAX ADVANCE HD;自带接口:131 个可用硬件通道;支持 44,48,96kHz 采样率;信噪比 100dB;支持 24 位 SPDIF 数字输出与杜比数码音频解码;支持模拟或数字模式输出。

创新 SOUND BLASTER AUDIGY 声卡,声卡芯片:Audigy 2 芯片;支持声道数:6.1 声道;音效支持:支持 EAX ADVANCED HD、EAX 音效;自带接口:线性输出(前置输出、后置输出、耳机输出、中置)、立体声输出;IEEE 1394;SPDIF 输出;线性输入;MIDI 输入输出;麦克风输入,参见图 1-37。

德国坦克 Aureon(傲龙)5.1 FUN 娱乐版声卡,声卡芯片:C-Media CMI8738;支持声道数:5.1,声道;音效支持:AC3(杜比数位)及 DTS,3D;音效兼容于 EAX2.0、EAX1.0、A3D1.0、I3Di2、Direct sound 3D 及 Sensaura 3D;自带接口:光纤数字输入/输出;线性及麦克风输入;透过光纤输出。

德国坦克 SiX Pack5.1 剧场版，支持声道数：5.1 声道；音效支持：独家 AEC 回音消除功能；完全支持 A3D、EAX1.0 和 2.0；自带接口：数字输入输出。

图 1-36　创新 X-Fi 钛金冠军版声卡

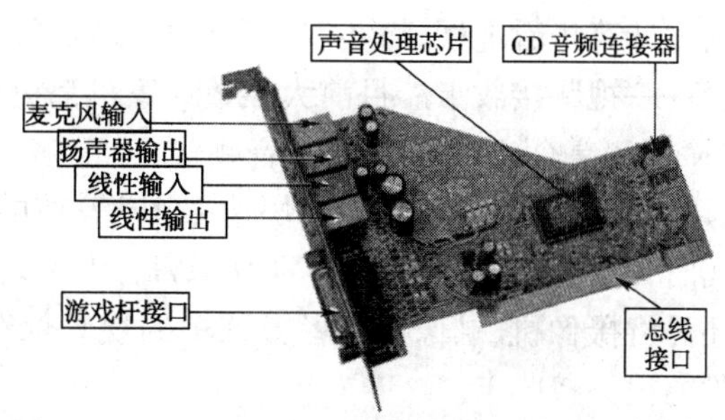

图 1-37　声卡的结构

1.8.2　选购网卡应注意哪些方面？

（1）10M、100M、10M/100M 的区别使用。目前，以太网网卡有 10M、100M、10M/100M 及千兆网卡。对于大数据量网络来说，服务器应该采用千兆以太网网卡，这种网卡多用于服务器与交换机之间的连接，以提高系统的整体响应速率。而 10M、100M 和 10M/100M 网卡则属人们经常购买且常用的网络设备，这三种产品的价格相差不大。所谓 10M/100M 自适应是指网卡可以与远端网络设备（集线器或交换机）自动协商，确定当前的可用速率是 10M 还是 100M。对于通常的文件共享等应用来说，10M 网卡就已经足够了，但对于语音和视频等应用来说，100M 网卡将更利于实时应用的传输。鉴于 10M 技术已经拥有的基础（如以前的集线器和交换机等），通常的变通方法是购买 10M/100M 网卡，这样既有利于保护已有的投资，又有利于网络的进一步扩展。就整体价格和技术发展而言，千兆以太网到桌面机尚需时日，但 10M 的时代已经逐渐远去。而对中小企业来说，10M/100M 网卡应该是采购时的首选。

（2）注意总线接口方式。当前台式机和笔记本计算机中常见的总线接口方式都可以从主流网卡厂商那里找到适用的产品。PCI 以太网网卡的高性能、易用性和可靠性使其被标准以太网网络广泛采用，并得到了 PC 业界的支持。

（3）网卡兼容性和运用的技术。快速以太网在桌面普遍采用 100BaseTX 技术，以 UTP 为传输介质，因此，快速以太网的网卡设一个 RJ45 接口。由于小办公室网络普遍采用双绞线作为网络的传输介质，并进行结构化布线，因此，选择单一 RJ45 接口的网卡就可以了。适用性好的网卡应通过各主流操作系统的认证，至少具备如下操作系统的驱动程序：Windows、Netware、Unix 和 OS/2。智能网卡上自带处理器或带有专门设计的 AISC 芯片，可承担使用非智能网卡时由计算机处理器承担的一部分任务，因而即使在网络信息流量很大时，也极少占用计算机的内存和 CPU。智能网卡性能好，价格也较高，主要用在服务器上。另外，有的网卡在 BootROM 上做文章，加入防病毒功能；有的网卡则与主机板配合，借助一定的软件，实现 Wake-on-LAN（远程唤醒）功能，可以通过网络远程启动计算机；还有的计算机则干脆将网卡集成到了主机板上。

（4）网卡生产商。由于网卡技术的成熟性，目前生产以太网网卡的厂商除了国外的 3Com、Intel 和 IBM 等公司之外，台湾的厂商以生产能力强且多在内地设厂等优势，其价格相对比较便宜。图 1-38 为常见网卡。

图 1-38　网卡实物图

1.8.3　如何在计算机上看电视?

通过计算机看电视,需要安装用于接收电视信号、使电视节目能在计算机的显示器上播放的装置——视频接收卡。目前大多数计算机都提供了遥控接收器接口、有线电视 RF 接口、S-Video 输入和复合 AV 视频输入、音频输入、音频输出接口。能实现诸如:一般电视机中的功能之外,还有“录像”“录像回放”“快速截图”等功能,通过计算机收看、录制或者定时录制电视节目同时,配合刻录软件,实现 VCD、DVD、MP3 刻录。配合编辑软件,可进行视频剪辑编辑制作。还可将摄像机、录像机或者影碟机的视频保存到计算机上。图 1-39 和图 1-40 为两种较为常见的视频接收卡。

图 1-39　联想 BV4356 电视接收卡

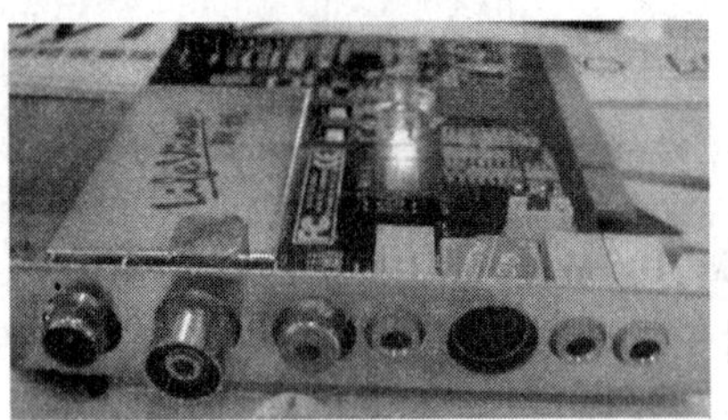

图 1-40　朗视 P35 Pro 视频录像接收卡

1.8.4　如何选购键盘?

(1)选择键盘的类型。计算机键盘可以分为机械式和电容式两大类。机械式键盘是早期出现的键盘,手感比较差,响声又比较大,键盘易损坏,故障率较高,已被淘汰。而电容式键盘的敲击用力较小,击键声音小,手感较好,键盘的寿命较长。所以,选择电容式键盘为明智之举。

(2)验看键盘的品质。不同厂家生产的计算机键盘品质有很大差异。购买键盘时,首先要验看键盘外露部件加工是否精细,表面是否美观。劣质的计算机键盘不但外观粗糙、按键的弹性很差,而且内部印刷电路板工艺也不精良。

(3)注意键盘的手感。因为键盘跟手的接触很多,所以键盘的手感也很重要,手感太轻、太软不好,好的键盘按键应该平滑轻柔,弹性适中而灵敏,按键无水平方向的晃动,松开后立刻弹起。

(4)注意使用键盘的舒适度。微软公司发明的人体工程学键盘将键盘分成两部分,两部分之间呈一定角度,以适应人手的角度,使输入者不必弯曲手腕。另有一个手腕托盘,可以托住手腕,将其抬起,避免手腕上下弯曲。目前很多标准键盘也增加了手腕托盘,也能一定程度地保护手腕,这些键盘也往往自称人体工程学键盘,需要注意区分。

(5)考虑键位的布局。不同厂家的 PC 键盘,按键的布局有时会不完全相同。目前的标准键盘主要有 104 键和 107 键,104 键盘又称 Win95 键盘;107 键盘又称为 Win98 键盘,比 104 键多了睡眠、唤醒、开机等电源管理键。对于习惯 win95 键盘的人来说,多出的三个键的位置替代了原有的键位,可能会觉得不方便。因此,购买时一定要注意选购符合自己习惯的键盘。

(6)接口的类型。目前市面上常见的键盘接口有三种:老式 PS/2 接口(俗称小口)、USB 接口。老式 AT 接口已经被逐渐淘汰,PS/2 接口的键盘是现在市场占有率最大的。USB 键盘是出现不久的新产品,其键盘结构与 AT 和 PS/2 键盘基本是一样的,只不过改成了 USB 接口而已。但是此种键盘需要主板支持才能在 BIOS 和 DOS 下使用,所以目前还不宜购买。

(7)辨别真伪键盘。一般说来,真假键盘最主要的区别在于键盘内部的电子元件,键盘(就是一个个的塑料键)的键帽是最简单分辨真假键盘的途径。一般来说正品键盘的键帽一般会采用一些比较先进技术处理(如激光蚀刻技术),键帽上的文字比较细腻,触摸上去有一点凸起的感觉,就算长时间使用之后也不会磨损褪色。而假冒键盘的键帽一般都采用丝网印刷,也有稍微专业一些的也许会采用激光机烧制,这样的键帽的字体粗糙,而且很容易被硬物刮去。另外,正品键盘的键帽与键帽以及键帽与键盘本体之间的颜色基本是一致的,而假冒的键盘则很有可能出现色差等情况;在做工方面,一款正品键盘,在做工上是很工整的,键位都是非常匀称和整齐的。

1.8.5 如何选购鼠标?

广义地说,一个好的鼠标应该是外形美观、按键清松而有弹性、手感舒适、滑动流畅、定位精确、辅助功能强大、服务完善、价格合理。如有特殊要求,还应考虑一些特殊的功能,参见图1-41。

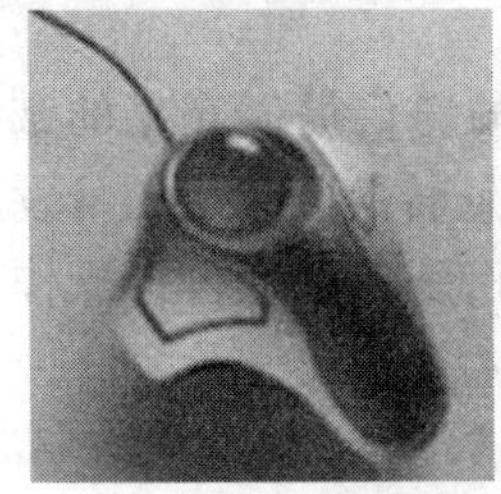

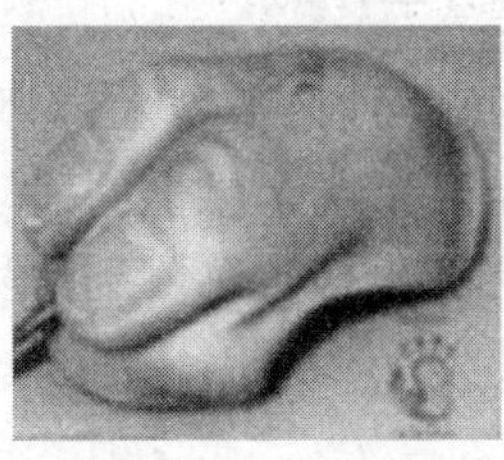

图1-41 形状功能各异的鼠标

(1)不同用户对鼠标功能的选择。对于一般的用户,标准的二键、三键鼠标就足够用了。但如果是有“特殊要求”的用户(如CAD设计、三维图像处理、超级游戏玩家等),最好选择第二轨迹球或专业鼠标。如果采用四键、带滚轮、可定义多个宏命令的鼠标就更理想了。这种高级鼠标可以带来“过人”的高效率。如果是笔记本计算机,或需要用投影仪做演讲,就应该使用那种遥控轨迹球,这种无线鼠标往往能发挥有线鼠标难以企及的作用。

需要注意的是,所谓标准三键鼠标还有真、假三键之分。假三键鼠标的中间键一般只相当于同时按左右两键,有的干脆就是个空键。而真三键鼠标的每一个键都有(或都可以定义)相应的功能,这两者间的价格相差很大。

(2)衡量质量的几个方面。衡量鼠标的质量有许多指标。首先要看外观,制作亚光鼠标要比全光的工艺难度大,而多数伪劣产品都达不到亚光的工艺要求,可以首先被排除在外。

其次是看鼠标的品牌。现在各行业都在讲质量认证,鼠标厂家也不例外,追求质量的厂家都通过了国际认证(如ISO9000),这些都有明确的标志。这类鼠标厂商往往能提供1~3年的质量保证,而有的鼠标厂商则只保3个月。

第三是流水序列号,如果是伪劣产品,则往往没有流水序列号,或者所有的流水序列号都是相同(显然是假的)。

第四,如有可能,最好看看鼠标器的内部(有时不易做到),往往可以看得更清楚。优质鼠标的电路板多是多层板,由焊机自动焊接;而劣质鼠标则是单层板,用手工焊接,两者极易分辨。优质鼠标器的滚轮由优质树脂材料制成,而劣质鼠标的滚轮则多为再生橡胶。

(3)手感。已有媒体报道,长期使用手感不合的鼠标、键盘等设备,可能会引起上肢的一些综合病症。因此,如果长时间使用鼠标,则应该注意鼠标的手感。好的鼠标应是根据人体工程学原理设计的外形,手握时感觉轻松、舒适且与手掌面贴合,按键轻松而有弹性,滑动流畅,屏幕指标定位精确。

(4)外部造型。造型漂亮、美观的鼠标能给人带来愉悦的感觉,有益于人的心理健康。从这个角度上说，它体现着一种绿色的含义。另外，如果鼠标外形能让人爱不释手，那么也能提高你或孩子学习计算机的兴趣。

(5)支持鼠标的软件。从实用的角度看，软件的重要性不次于硬件。好而实用的鼠标应附有足够的辅助软件，如厂商所提供的驱动程序应优于操作系统所附带的驱动程序，而且每一键都能让用户重新自定义，能满足各类用户的特殊需求。另外，软件还应配有完备的使用说明书(与其他正规应用软件一样)，使用户能够充分利用软件所提供的各种功能，充分发挥鼠标的作用。

(6)售后服务。好厂商都应该提供一年以上的质保服务，对用户所提出的各种问题都能认真回复，能够解决用户所提出的技术问题，并保证用户能方便地退换。其实这也是厂商对其自身质量有信心的一种表示。

1.8.6　无线鼠标是怎样工作的?

无线鼠标采用高频无线电(射频)技术，对限定在 10 ~ 20m 距离内的通信提供充足的带宽，使用无线发射器将鼠标在 X 或 Y 轴上的移动与按键按下或抬起的信息转换成无线信号发送出去，具有 USB 接口的无线电接收器收到信号后经过解码传递给主机，驱动程序告诉操作系统鼠标的动作。

1.8.7　如何选购喷墨打印机?

(1)分辨率。DPI 是业界衡量打印质量的一个重要标准，它表示在每英寸范围内喷墨打印机可打印的点数。单色打印时 DPI 值越高打印效果越好，而彩色打印时情况比较复杂。通常打印质量的好坏要受 DPI 值和色彩调和能力的双重影响。由于一般彩色喷墨打印机的黑白打印分辨率与彩色打印分辨率可能会有所不同，所以选购时一定要注意商家所说的分辨率是哪一种分辨率，是否是最高分辨率。一般至少应选择分辨率在 360DPI 以上的喷墨打印机。

(2)色彩调和能力。现在的彩色喷墨打印机，一方面通过提高打印密度(分辨率)使打印出来的点变细，使图变得更为细腻;另一方面，在色彩调和方面改进技术。常见的有:增加色彩数量、改变喷出墨滴的大小、降低墨盒的基本色彩浓度等几种方法，其中增加色彩数量来得最为行之有效。目前通常是采用五色的彩色墨盒，加上原来的黑色墨盒，形成所谓的六色打印。这样一来排列组合得到的色彩组合数一下子提高了好多倍，打印效果的改善自然非常明显。

改变喷出墨滴大小的原理，是在打印中需要色彩浓度较高的地方用标准大小的墨滴喷出，而在需要色彩浓度较低的地方喷射小墨滴，同样实现了更多的色阶。而降低墨盒色彩浓度其实是在高色彩浓度的地方采用反复喷墨的方法来形成更多色阶。

(3)打印速度。喷墨打印机的打印速度一般以每分钟打印的页数 PPM(Page Per Minute)来统计。但因为每页的打印量并不完全一样，所以这个数字一定不会准确，而只是一个平均数字。对于家用打印机，由于打印量一般不会太大，选购时可以不必特别注意打印速度。

(4)打印驱动程序。打印驱动程序是一个非常重要但又常被大家忽视的环节。许多先进的打印技术都和配套的打印驱动程序有着密切关系，需要使用厂商原配的驱动程序，并随时注意更新。

(5)打印幅面。一般喷墨打印机的打印幅面有 A4 和 A3 两种。一般家庭用户使用 A4 幅面的就可以了。

1.8.8 激光打印机是怎样工作的？

激光打印机采用了类似复印机的静电照相技术，将打印内容转变为感光鼓上的以像素点为单位的点阵位图图像，再转印到打印纸上形成打印内容。与复印机唯一不同的是光源，复印机采用的是普通白色光源，而激光打印机则采用的是激光束。

从功能结构上，激光打印机分为打印引擎和打印控制器两大部分。

打印机厂商向引擎厂商购买或者定制打印引擎，根据引擎设计控制器和打印驱动，完成整个打印机的设计和生产，打印机的引擎结构见图1-42。

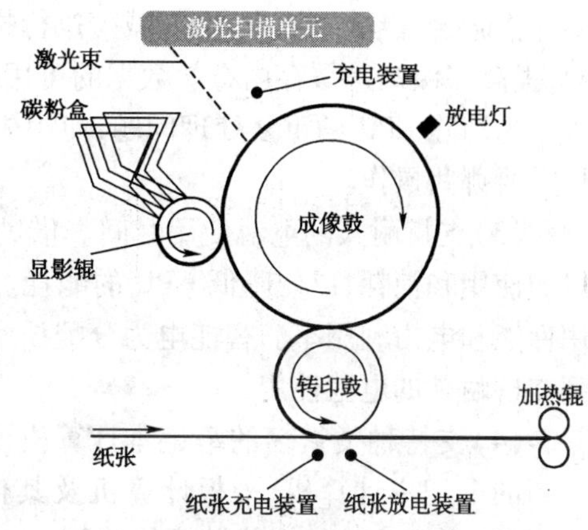

图1-42 打印引擎的结构

打印控制器的作用是与计算机通过接口或网络进行通信，接收计算机发送的控制和打印信息，同时向计算机传送打印机的状态。打印引擎在打印控制器的控制下将接收到的打印内容转印到打印纸上。所有的打印控制器都是一台功能完整的计算机，它基本上包括了通信接口、处理器、内存和控制接口四大基本功能模块，一些高端机型还配置了硬盘等大容量存储器。通信接口负责与计算机进行数据通信；内存用以存储接收到的打印信息和解释生成的位图图像信息；控制接口负责引擎中的激光扫描器、电机等部件的控制和打印机面板的输入输出信息控制；而处理器是控制器的核心，所有的数据通信、图像解释和引擎控制工作都由处理器完成。打印机引擎包括了激光扫描器、反射棱镜、感光鼓、碳粉盒、热转印单元和走纸机构等几大部分组成。

打印机在工作过程中，打印控制器中的光栅位图图像数据转换为激光扫描器的激光束信息，通过反射棱镜对感光鼓充电，感光鼓表面就形成了以正电荷表示的与打印图像完全相同的图像信息，然后吸附碳粉盒中的碳粉颗粒，形成了感光鼓表面的碳粉图像。而打印纸在与感光鼓接触前被一充电单元充满负电荷，当打印纸走过感光鼓时，由于正负电荷相互吸引，感光鼓的碳粉图像就转印到打印纸上。经过热转印单元加热，使碳粉颗粒完全与纸张纤维吸附，形成了打印图像。

1.9 笔记本计算机篇

1.9.1 什么是英特尔迅驰移动计算技术？

英特尔最出色的笔记本计算机技术不仅仅是一部处理器，同时还具备集成的无线局域网能力，卓越的移动计算性能，并在便于携带的轻、薄笔记本计算机中提供了耐久的电池。英特尔迅驰移动组件包括英特尔奔腾M处理器，移动式英特尔915高速芯片组家族或英特尔855芯片组家族，英特尔PRO/无线网卡家族。

1.9.2 迅驰移动技术有哪些特点？

(1)集成无线局域网能力。借助英特尔迅驰移动计算技术的Wi-Fi认证技术，可以通过无线互联网和网络连接访问信息以及进行现场交流。遍布全球的许多公共Wi-Fi网络(无线热点)都可以提供这种连接能力。此外,英特尔迅驰移动计算技术设计用于支持广泛的工业无线局域网(WLAN)安全标准和领先的第三方安全解决方案(如思科兼容性扩展),因此可以确定数据已经得到最新的无线安全标准的保护。

(2)卓越的移动计算性能。面对多任务处理移动计算所要求的出色移动计算性能。英特尔迅驰移动计算技术经过专门设计,能耗更低、指令执行速度更快,进而全面满足新兴和未来应用的需求。英特尔迅驰移动计算技术中支持出色移动计算性能的一些主要特性包括:使用微操作融合,能够将操作合并,减少执行指令所需要的时间和能量。为减少芯片外内存访问次数,提高二级高速缓存内有效数据的可用性,使用了节能型二级高速缓存和增强的数据预取能力。为消除 CPU 的重复处理问题,使用先进的指令预测能力,分析过去的行为并预测将来可能需要哪些操作。

(3)支持耐久的电池使用时间。借助先进节能技术,全新的节能晶体管技术可以优化能量的使用和消耗,以便降低 CPU 的能耗。增强的英特尔 SpeedStep 技术支持可以动态增强应用性能和电力利用率。智能电力分配技术可将系统电源分配给处理器需求最高的应用,这些都支持耐久的电池使用。

(4)支持种类繁多的笔记本计算机设计。为了将高性能处理器集成到最新的纤巧和超纤巧的笔记本计算机、平板计算机及其他领先的计算机设计中,英特尔迅驰移动计算技术使用 Micro FCPGA(倒装针栅格阵列)和 FCBGA(倒装球栅格阵列)技术,支持专门为更薄、更轻的笔记本计算机设计而优化的封装处理器芯片。全新笔记本计算机更小巧的外形设计需要专门考虑降低能耗,以控制散热量。为了满足这一要求,英特尔迅驰移动计算技术采用低压(LV)和超低压(ULV)技术,支持处理器以更低的电压运行,从而降低平板和超纤巧设计的笔记本计算机散热量。

1.9.3 迅驰二代增加了哪些新技术?

迅驰二代增加的新技术有:全新英特尔图形媒体加速器 900 显卡内核、节能型 533MHz 前端总线,以及双通道 DDR2 内存支持,有助于采用配备集成显卡的移动式英特尔 915GM 高速芯片组的系统,获得双倍的显卡性能提升。

此外,全新英特尔迅驰移动计算技术还支持最新 PCI Express 图形接口,可为采用独立显卡的高端系统提供最高达 4 倍的图形带宽。

在系统制造商的支持下,还可获得诸如电视调节器,支持 Dolby Digital 和 7.1 环绕声的英特尔高清晰度音频、个人录像机和遥控等选件。

同时继续享有英特尔迅驰移动技术计算具备的耐久电池使用时间优势。可帮助制造商实现耐久电池使用时间的特性包括:显示节能技术 2.0,低功耗 DDR2 内存支持以及增强型英特尔 SpeedStep 技术等。

1.9.4 迅驰三代增加的新技术

Napa 是 Intel 第三代移动技术平台的名称,它由 Intel 945 系列芯片组、Yonah Pentium M 处理器、Intel 3945ABG 无线网卡模块组成的整合平台,相对于第二代迅驰 Sonoma 平台最大的技术提升有:系统总线速率提升到 667MHz,Yonah 处理器推出单、双核技术并且采用 65nm 制程,IntelPro/Wireless 3945ABG 无线模块则开始兼容 802.11a/b/g 三种网络环境。其中,Yonah Pentium M 处理器开始引入双核技术,是 Napa 的一项重点技术。

1.9.5 如何保养笔记本计算机电池

(1)激活新电池。想让笔记本计算机电池长寿,一定要有好的开端,这就得从购买笔记本计算机时说起。新笔记本计算机在第一次开机时电池应带有3%的电量,此时,应该先不使用外接电源,把电池里的余电用尽,直至关机,然后再用外接电源充电。回家后,还要把电池的电量用尽后再充,充电时间一定要超过12小时,反复做三次,以便激活电池,这样才能为今后的使用打下良好基础。

(2)尽量减少使用电池的次数。电池的充放电次数直接关系到笔记本计算机的寿命,每充一次电,电池就向退役前进了一步。建议尽量使用外接电源,使用外接电源时应将电池取下。有的朋友图方便,经常在一天中多次插拔电源,且笔记本计算机装有电池,这样做,对电池的损坏更大。因为每次外接电源接入就相当于给电池充电一次,电池自然就折寿了。

(3)电量用尽后再充电和避免充电时间过长。不管笔记本计算机使用锂电还是镍氢电,一定要将电量用尽后再充(电量低于1%),这是避免记忆效应的最好方法。与手机电池的充电方法相同,给笔记本计算机电池充电时,尽量避免时间过长,一般控制在12小时以内。目前大多数笔记本计算机电池都有防过充机制。

当然还有日常保养:防止曝晒、防止受潮、防止化学液体侵蚀、避免电池触点与金属物接触等,建议平均三个月进行一次电池电力校正的动作。

1.9.6 选购笔记本计算机注意哪些事项?

(1)CPU频率。CPU频率够用就行,对笔记本计算机而言,CPU频率并不是越快越好,如果你的笔记本计算机只是用来运行常用的办公类软件,1.2Ghz以上的CPU即可,过分地追求高频率反而带来高耗电、高发热等问题。以下是目前较为流行的其中几款参数。

酷睿2双核

型号	频率	前端总线	二级缓存	制造工艺	64位
T9600	2.80GHz	1066MHz	6MB	45nm	
P9500	2.53GHz	1066MHz	6MB	45nm	
P8600	2.40GHz	1066MHz	3MB	45nm	
P8400	2.26GHz	1066MHz	3MB	45nm	
T8300	2.40GHz	800MHz	3MB	45nm	
T5600	1.83GHz	667MHz	2MB	65nm	

高端的酷睿2四核

型号	频率	前端总线	二级缓存	制造工艺	64位
QX9300	2.53GHz	1066MHz	12MB	45nm	
Q9100	2.26GHz	1066MHz	12MB	45nm	

(2)屏幕大小应适当。TFT显示屏是目前的主流产品,其他诸如DSTN等类型的产品基本都已被淘汰,TFT的优点就是亮度和对比度高、屏幕反应速度快、可视角度大、色彩丰富,TFT也有普通型和低温多晶硅、超黑晶TFT等不同类型。选购时首先应确定其尺寸大小,目前主要有12.1英寸、13.3英寸、14.1英寸、15英寸等几种。一般家用选择12.1英寸、14.1英寸大小就可以了。但是要注意应支持1024×768的标准分辨率。除了尺寸大小,应当注意观察一

下显示屏的亮度和对比度是否合适，显示屏的响应时间是否正常，显示色彩是否鲜艳等。当然还应注意观察 LCD 上坏点的情况，一般来说坏点不能超过 3 个。

(3)显示性能。笔记本计算机的显示性能也是影响整体性能的关键，决定显示性能的主要因素是采用的显示芯片及显存大小、类型等。一般情况下应该从需求出发，按照经常使用的软件和范围来挑选。如果仅仅是一般的文书等商业应用，Intel 的集成显卡，具备一定的 3D 处理和 2D 加速能力，完全可以应付得了。如果使用的程序有 3D 方面的，比如说 3D 的 Google Map，还有一些对 2D 加速要求比较高的程序，这时候 ATI 或者 nVidia 的 IGP(内置显卡)可以完全满足您的需求，而且在工作之余还可以开启一些娱乐型的小型 3D 游戏。如果是一个游戏型的笔记本计算机，诸如 Geforce 8400M GS/GT 可以应付要求不高的游戏，要求高点的，Geforce 8600M GT 也许是一个性价比不错选择。

(4)主板芯片组很重要。笔记本计算机集成度非常高，其主板类型对整机性能的影响显得尤其重要。现阶段主流笔记本计算机主板采用的芯片组有 Intel PM45 + ICH9M 、SIS 671DX + SIS 968 等。

(5)硬盘和内存尽量大

和 CPU 不必追求高频率不同，笔记本计算机硬盘和内存应尽量大。一般而言硬盘容量应不低于 120GB，而内存应不小于 512MB。目前主流笔记本计算机的硬盘容量应在 120 ~ 240GB，内存不小于 1G。在选购笔记本计算机的时候应当了解一下笔记本计算机的升级和扩充能力如何，是否有富余的内存插槽、CPU 是否可以升级、最大支持多大的硬盘等，为将来升级或者扩充计算机的硬件做好准备。

(6)体积重量要轻巧。笔记本计算机之所以受到欢迎，一个很重要的原因就在于其便携性。笔记本计算机多在外出、演示等时候使用。因此不建议购买太重太大的笔记本计算机。最好选择在 2KG 以下，光软互换的超薄型比较合适。

(7)续航能力测试。笔记本计算机中使用的电池主要有镍氢电池和锂电池两种。我们在选购笔记本计算机时不仅要注意电池的种类，更应该注意电池的容量及实际使用时间，一般容量要在 3000 mAh 以上，使用时间最好能在 3 小时左右，才能满足我们日常外出活动的需要。目前，笔记本计算机的电池一般是 3000mAh 到 4500mAh，也有极少数配备 6000mAh 的，其数值越高，在相同配置下使用时间越长。

(8)其他考虑的因素。比如音响效果的好坏。便宜的经济型笔记本计算机使用的声卡大都是 AC\97 软声卡，配合廉价扬声器，音响效果自然会差一些。而中高档的笔记本计算机则会使用 ESS Maestro2E、CMI8738 等硬声卡芯片，再配合 3D 立体声音箱效果自然出色。此外还应考虑是否具有无线联网功能、主板 BIOS 是否支持 USB 设备启动等因素。

【学习工作单】

<table>
<tr><td rowspan="2">学习情境一:认识和选购计算机</td><td>姓名:</td><td rowspan="2">成绩:</td></tr>
<tr><td>班级:</td></tr>
</table>

1. 画出计算机硬件结构框图。

2. 参考图 1-43,辨别各自为哪个公司生产的 CPU。

a)　　b)　　c)

图 1-43　CPU

图 a)、b)为:____。

图 c)为:____。

3. 说出下列参数的意义。

主频:____。

外频:____。

倍频:____。

前端总线频率:____。

4. 缓存也称__________,英文名称为 Cache。一般我们将高速缓存分为两类:__________和__________。高速缓存与 CPU 和内存的关系__________________。

5. CPU 的内核工作电压越低,说明 CPU 的制造工艺越________,这样 CPU 电功率就________。

6. CPU 的主要功能。

一是____;

二是____;

三是____。

7. 在对 CPU 的购买中,你会考虑哪些因素。

____。

8. 图 1-44 为一块主板，要求给每个位置标名。

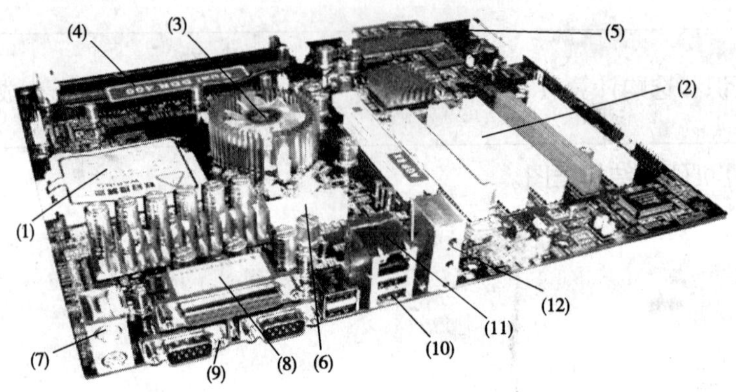

图 1-44　主板

(1) ________________　(2) ________________

(3) ________________　(4) ________________

(5) ________________　(6) ________________

(7) ________________　(8) ________________

(9) ________________　(10) ________________

(11) ________________　(12) ________________

9. USB2.0 的传输速度是________，最多支持________个设备。

10. 主板的核心和灵魂是________。它一般由__________和__________组成。

11. 针对不同用户的不同需求、不同应用范围，设计不同类型的主板。

分为：________________、________________、________________。

12. 在对主板的购买中，你会考虑哪些因素。

____。

13. 认识内存条（见图 1-45）。

列举出市场中常见的内存条____________、____________、____________。

图 1-45　内存条

14. 在图 1-46 中的框内填写内存类型及配套插槽。

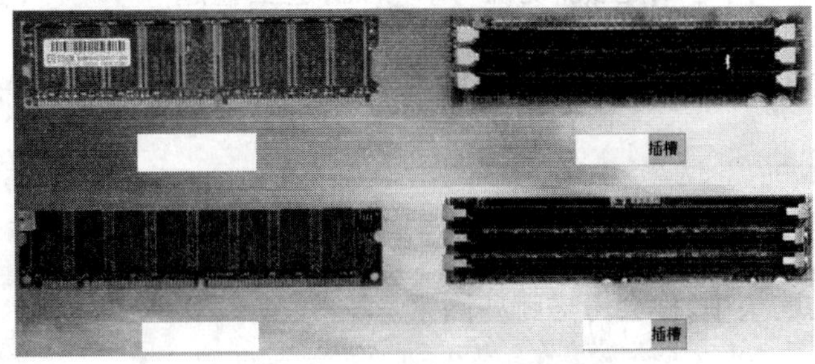

图 1-46　内存类型及插槽

15. 叙述内存的工作原理。

____

____

____

____

____

16. 内存是由__________存储器件构成的，其容量受到成本和工艺的限制，为克服这一矛盾，利用附加的硬件和存储管理软件将外存充当内存使用，从而扩大内存容量，此技术称__________。

17. 计算机的内存是由__________、__________和__________三个部分构成。

18. 常用硬盘盘片大小是__________英寸，笔记本计算机的硬盘是__________英寸，按照硬盘与计算机的数据接口，硬盘可分为__________接口和__________接口两类，在图1-47b)图框内填写名称。

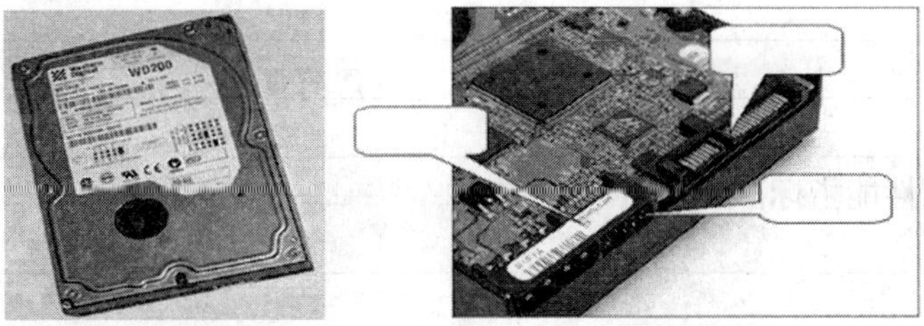

a)　　　　b)

图1-47　硬盘

a)硬盘标识；b)硬盘接口

19. 硬盘容量的计算公式为____。

20. 列举影响硬盘速度的参数__________、__________、__________、__________。

21. 硬盘的动作时间主要指硬盘的______、______、______、______和______等。

22. 在磁盘的所有扇区中，有一个非常重要的扇区，称为__________区，用来存放__________程序及磁盘类型等有关信息。

23. 写出显卡的工作原理。

____

____

____

____

____

24. 显卡主要由__________、__________、__________、__________及主板间的接口几部分组成。

25. 使用16位真彩的分辨率为1027×768显示模式，需要的显示内存为：__________。

26. 图 1-48 接口分别为 1、__________ 2、__________ 3、__________。

图 1-48 显卡

27. 叙述 CRT 显示器工作原理。

____

____

____

28. 解释以下性能指标。

点距：____。

分辨率：____。

扫描频率：____。

带宽：____。

29. 叙述 LCD 显示器工作原理。

____

____

____

30. 列举 LCD 的性能指标。

____

____

____

31. 光驱一般有几种。

____

____

____

32. 叙述 CD-ROM 的工作原理。

____

____

____

33. 叙述 DVD-ROM 的特点。

____

____

____

34. CD-R/W 上会标识三个速度,分别表示______________________________。

35. 图 1-49 中呈现的是目前流行的__________电源,它可以让操作系统电源进行管理,从而实现________________和________________等智能化功能。

图 1-49　电源

36. 列举出高级电源管理的用电状态。

(1)____________　(2)____________　(3)____________

(4)____________　(5)____________

37. 写出在 CPU、主板、内存、硬盘、显卡、光驱、电源选购中要注意哪些方面的问题。

____

____

____

____

____

____

38. 在图 1-50 中括号内填写计算机组件常见品牌的中文名。

MSI (　　)　ASUS (　　)　Leadtek (　　)　A-DATA (　　)

CORSAIR (　　)　GIGABYTE (　　)　HASEE (　　)　Kingston (　　)

图 1-50　计算机组件常见品牌

【校 外 实 训】

【职业岗位目标】

微型计算机销售员

【情境描述】

地点:校外实训基地(计算机公司门市),某用户欲配置一台计算机和一台打印机,用于家庭娱乐及文档处理,满足极速上网需求。逛计算机市场时,面对大量的计算机配件,不明白各自的作用和相关的知识,希望你能以计算机销售员的身份帮忙讲解,并根据该用户需求写出高配置方案和普通配置方案。

【子任务一】:认识计算机硬件系统构成

1. 方案设计

进入计算机市场,直观计算机主要部件的实物,记录相关技术参数、型号和价格。

2. 实施准备

对本市的计算机市场分布有一个初步了解,确定走访的店家。

3. 项目实施

完成以下操作:

(1)打开一台多媒体计算机的机箱,现场讲解各个设备的名称和它们的基本功用。

(2)列出一台计算机的 CPU、内存、硬盘、显卡设备的接口类型。

(3)现场指出一台计算机的主板芯片组、BIOS 芯片、CMOS 跳线的位置。

【子任务二】:配置计算机

1. 方案设计

根据不同的用户分类,给出调查后较高性价比的计算机配置单。

2. 实施准备

每人一支笔,一个笔记本,记录硬件参数,制订选购计划。

3. 项目实施

(1)依据对本市计算机市场的初步了解,拟出市场调查计划。

(2)实施市场调查计划,并认真进行记录。

(3)整理记录,完成实验报告。

【实训报告】

实训一 实 训 报 告

班级：________________

学号：________________ 姓名：________________

实验记录：

1. 本市最大或最大影响的计算机公司有(至少填5个)：

2. 你所走访调查的硬件销售店有(至少填5个)：

3. 作为计算机销售员的你，调查后请提交客户需求的两张计算机配置单。

计算机配置单1：________________

计算机配置单2：________________

4. 根据以上的选购计划，谈谈以下几个问题：

(1)你所选配计算机适合哪些人群？能完成哪些工作？

(2)你所选配的计算机最大的特色是什么？有什么不足之处？

5. 在调研后，请给出三种不同品牌6000元左右的笔记本计算机方案，并对它们的性能进行测评和比较。

【学生自评表】

<table>
<tr><td>姓名</td><td></td><td>班级</td><td></td><td>学号</td><td></td></tr>
<tr><td>时间</td><td colspan="3"></td><td>地点</td><td></td></tr>
<tr><td>序号</td><td colspan="3">自 评 内 容</td><td>分数</td><td>得分</td></tr>
<tr><td>1</td><td colspan="3">在项目工作过程中表现出的积极性、主动性和发挥的作用</td><td>10</td><td></td></tr>
<tr><td>2</td><td colspan="3">通过各种渠道收集资料进行工作的情况</td><td>5</td><td></td></tr>
<tr><td>3</td><td colspan="3">计算机系统工作原理的阐述</td><td>20</td><td></td></tr>
<tr><td>4</td><td colspan="3">功能部件的主要特点和功能的阐述</td><td>20</td><td></td></tr>
<tr><td>5</td><td colspan="3">选购产品时注意真假、包装、保修期、售后等事项</td><td>10</td><td></td></tr>
<tr><td>6</td><td colspan="3">选购产品时注重性价比</td><td>10</td><td></td></tr>
<tr><td>7</td><td colspan="3">市场调查时资料收集情况</td><td>15</td><td></td></tr>
<tr><td>8</td><td colspan="3">确定解决问题的方法和步骤</td><td>10</td><td></td></tr>
<tr><td>9</td><td colspan="3"></td><td></td><td></td></tr>
<tr><td>10</td><td colspan="3"></td><td></td><td></td></tr>
<tr><td colspan="4">总分</td><td>100</td><td></td></tr>
<tr><td colspan="4" rowspan="3">工作时间：</td><td colspan="2">提前完成</td></tr>
<tr><td colspan="2">准时完成</td></tr>
<tr><td colspan="2">没按时完成</td></tr>
<tr><td colspan="2">认为完成好的地方</td><td colspan="4"></td></tr>
<tr><td colspan="2">认为完成不满意的地方</td><td colspan="4"></td></tr>
<tr><td colspan="2">认为整个工作过程需要完善的地方</td><td colspan="4"></td></tr>
<tr><td colspan="4" rowspan="4">自我评价：</td><td colspan="2">非常满意</td></tr>
<tr><td colspan="2">满意</td></tr>
<tr><td colspan="2">不太满意</td></tr>
<tr><td colspan="2">不满意</td></tr>
<tr><td colspan="6">技术文件的整理与记录：</td></tr>
</table>

学习情境二　组装和调试计算机

【知 识 储 备】

【知识技能目标】

1. 掌握计算机组装的工艺要求和组装流程；
2. 学会完整组装一台计算机的技能；
3. 学会 BIOS 设置和 BIOS 优化方法；
4. 学会计算机操作系统启动和调试技能；
5. 学会安装操作系统和驱动程序；
6. 掌握硬盘分区和格式化的基本概念和操作过程；
7. 学会 CMOS 的设置方法和常用功能设置；
8. 学会通过 CMOS 参数设置来优化计算机；
9. 学会分析和解决由 CMOS 设置不当引起的计算机故障；
10. 掌握 Ghost 制作 Ghost 镜像文件的方法。

【预备知识】

2.1　计算机组装篇

2.1.1　微型计算机拆装前应做好哪些准备工作？

(1)防止人体所带静电对电子器件造成损伤：在安装前，先消除身上的静电，比如用手摸一摸自来水管等接地设备；如果有条件，可佩戴防静电环，准备一块绝缘的泡沫，用来放主板。应该避免静电的产生，例如：不要穿化纤类服装，组装计算机的环境不要太干燥。

(2)对各个部件要轻拿轻放，不要碰撞，尤其是硬盘。

(3)安装主板一定要稳固，同时要防止主板变形，不然会对主板的电子线路造成损伤的。

(4)准备好主板的说明手册。

(5)了解硬件各部件相关参数及性能知识。

2.1.2　第一步　在主板上安装 CPU

[特别提示]

(1)如果 CPU 的第一脚位置不正确，CPU 无法插入，请立即更换至正确位置。

(2)插入 CPU 后，一定要观察 CPU 是否是平的。

(3)观察主板上的一些跳线来设置 CPU 的类型及频率等。

下面以 Socket478 插座的 CPU 为例，介绍 CPU 的安装与布置。

(1)取出 CPU，把英文字摆正看到正面，左下角会有一个金色三角形记号，将主板上的三角形标记与这个三角形对应后安装就可以了，见图 2-1。

(2)用拇指和食指按住 SOCKET 478 插座的零插拔力杆，如图 2-2 所示，稍往下用力按压后抬起杆。拉起 CPU 插座侧面的固定杆约 90 度。

(3)将 CPU 上面的三角形记号对准插座的三角形记号方向插入，见图 2-3。

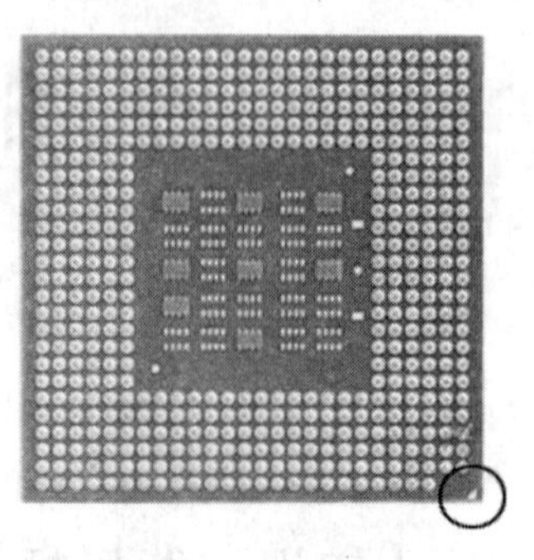

图 2-1　CPU 上的三角形标记

(4)压下固定杆到底，固定住 CPU，接着把买 CPU 时附带的白

色导热硅胶(或灰色导热硅胶)，均匀地涂抹在 CPU 的突出部位，涂抹量不要太多，见图 2-4。

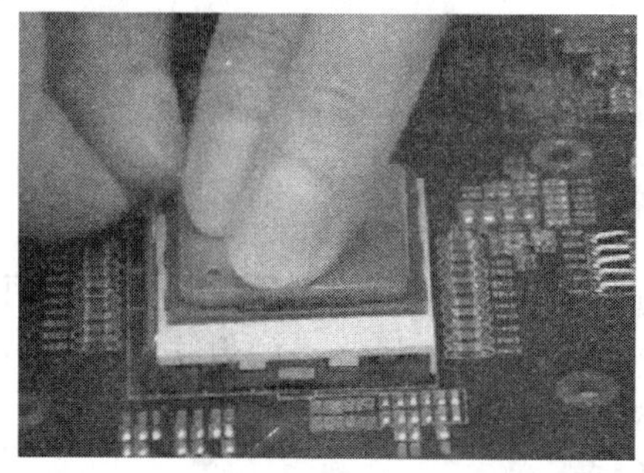

图 2-2　拉起侧边固定杆

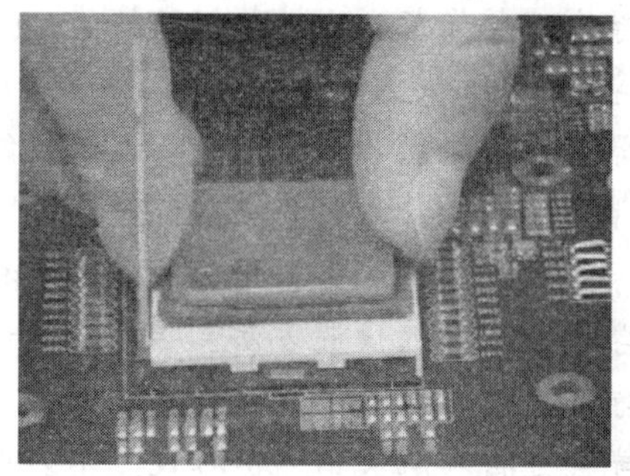

图 2-3　将 CPU 安装进插槽

(5)安装 CPU 风扇。首先安装散热风扇支架，见图 2-5。然后装上 CPU 散热风扇，扣紧，见图 2-6。

图 2-4　放下固定杆

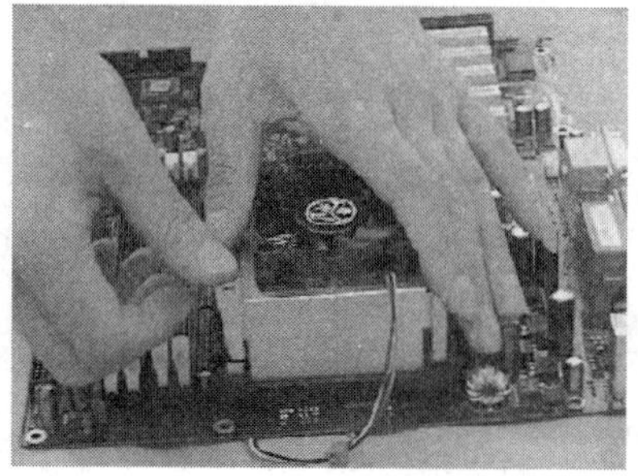

图 2-5　安装散热风扇支架

在主板上找到 CPU 散热风扇电源插座，插上风扇电源线，见图 2-7。

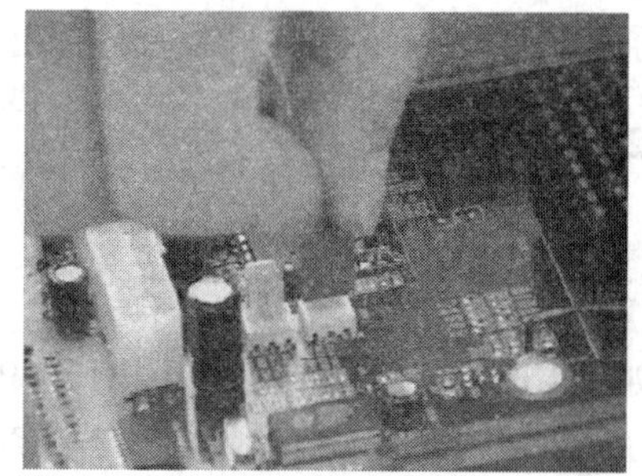

图 2-6　扣住支架

图 2-7　散热风扇的连接线插入主板的电源插座中

2.1.3 第二步 在主板上安装内存条

很多计算机不稳定的情况，都是内存安装或内存品质引起的，所以在购买和安装的时候要特别注意。

[特别提示]

(1)内存条插在离 CPU 最近的第一组内存插槽上，这样系统最稳定。

(2)RDRAM 必须成对安装，没有安装 RDRAM 内存条的 RIMM 内存插槽中应该插入 RDRAM 终结条(RDRAM 终结条是主板的附件)。

(3)开机正常时，喇叭提示响声为一声(在 AWARDBIOS 中)，若是几声响，可能内存条安装不正确，拔下来重新安装一次。

(4)在安装 Pentium 时使用的 72 线的 EDO 内存条时，必须成对使用，安装时以 45 度插入，然后稍稍用力使之垂直于主板，并能听到内存插座两端卡簧的响声，内存条安装到位，见图 2-8和图 2-9。

图 2-8 扳开内存插槽两端的卡子

图 2-9 插入内存

2.1.4 第三步 安装主板

[特别提示]

(1)固定主板。

(2)将机箱平放在工作台上，要先将主板放在底板上面，仔细看看主板的孔位对应到底板的哪些螺丝孔。

(3)在机箱底板上将螺丝孔锁上相应的六角铜柱。

(4)将主板小心地放到底板上，使机箱底板上所有的固定螺钉对准主板上的固定孔，并把每个螺钉拧紧(不要太紧)固定好，见图 2-10 和图 2-11。

图 2-10 固定主板

2.1.5 第四步 安装电源

[特别提示]

(1)取出随机箱所带的各种配件，主要有机箱支座，各种挡板和螺丝等，再取出主机电源。

(2)把机箱立起来,把电源从机箱侧面放进去,见图 2-12。

(3)将电源的位置摆好后,然后从机箱外侧拧紧 4 个螺丝以固定住电源盒。

(4)看清电源盒中引出的那个 20 针的电源插座,把它引出并插到主板上的电源插孔位置,见图 2-13 和图 2-14。

图 2-11　连接主板上的信号线

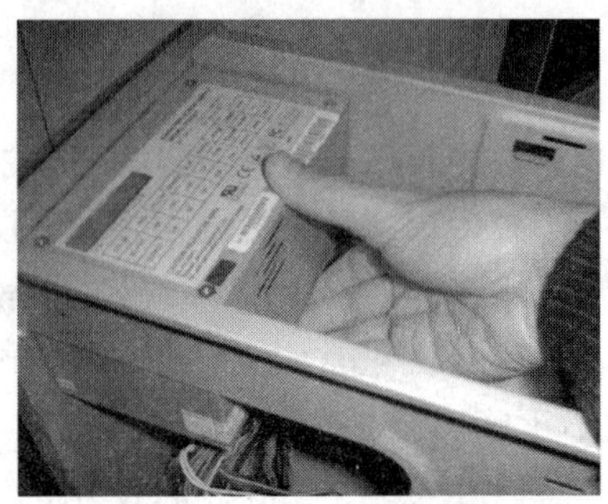

图 2-12　将电源放入机箱

图 2-13　主板上的 20 针电源插座

图 2-14　将电源与主板连接好

2.1.6　第五步　安装显卡

[特别提示]

(1)安装好显卡后,如果不能确定显示卡是否完好以及连线是否正确,此时可以先接上显示器和电源,启动一下计算机,如果一切顺利,应该看到显示器出现的自检画面,这表明刚才的配件基本上可以协调工作了。如果没有启动,就需要重新检查一下前面的安装步骤,尤其是需要确认一下内存条和显卡是否插紧了。图 2-15、图 2-16 和图 2-17 是 AGP 显卡安装图:

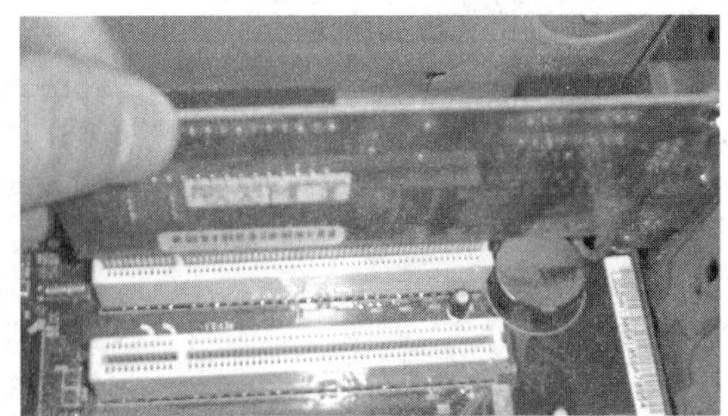

图 2-15　主板上的 AGP 插槽

图 2-16　插入显卡

(2)最后连接显卡风扇的电源线。

2.1.7 第六步 安装声卡与网卡

[特别提示]

(1)有经验的安装者都是先安装声卡,再连接音频线,然后安装其他的插卡。

(2)目前的声卡多为 PCI 声卡,为了避免有可能跟其他硬件(如网卡)出现不兼容的问题,最好插在紧挨着 AGP 插槽的 1、2 号 PCI 槽上,见图 2-18 和图 2-19。

图 2-17 拧紧螺丝

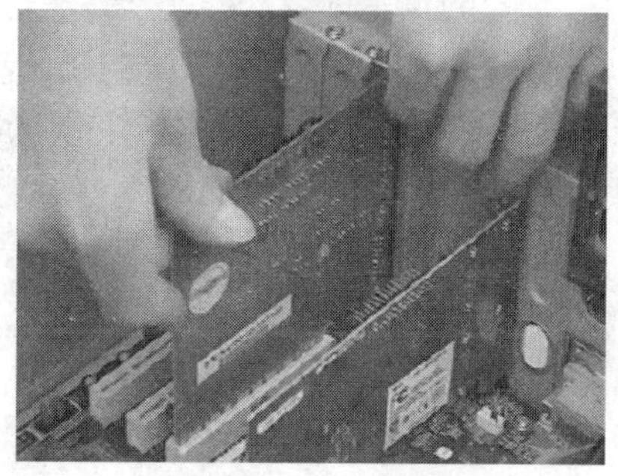

图 2-18 插入声卡

2.1.8 第七步 安装硬盘

[特别提示]

(1)在安装之前,要先确认硬盘的跳线设置和信号线连接。

(2)将硬盘插到固定架中,要注意方向,保证硬盘正面朝上,电源接口和数据线接口必须对着主板。

(3)掌握数据线的连接规则,对于 IDE 接口的数据线,为了识别方向,一般其中一边有根线是红色的,在安装时,需要使该红色线这边对着主板上 IDE 接口旁边标有数字"1,2"的一边,见图 2-20。

图 2-19 插入网卡

图 2-20 主板上的 IDE 接口

硬盘的安装步骤为:

(1)调整 IDE 设备跳线,见图 2-21。

(2)可以将所有的 IDE 设备都跳线为 CABLE SELECT。每个 IDE 接口中只可以有一个"MASTER"盘,见图 2-22。

(3)连接硬盘信号线,用拇指和食指分别拿住一端数据接口的两头,平行放在硬盘接口上，感觉硬盘接口上每根针都插进了数据线，见图 2-23。

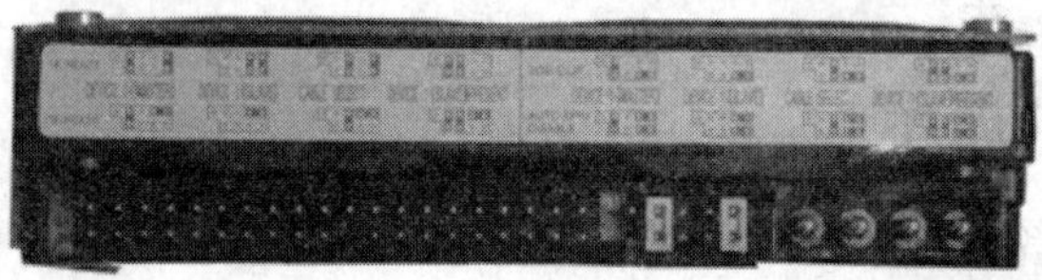

图 2-21　跳线说明

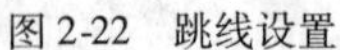

图 2-22　跳线设置

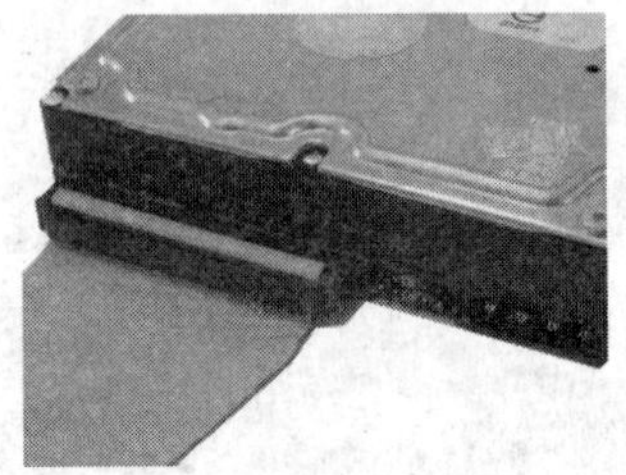

图 2-23　连接数据线

(4)锁上螺丝，固定硬盘，连接数据线及电源线，见图 2-24、图 2-25 和图 2-26。

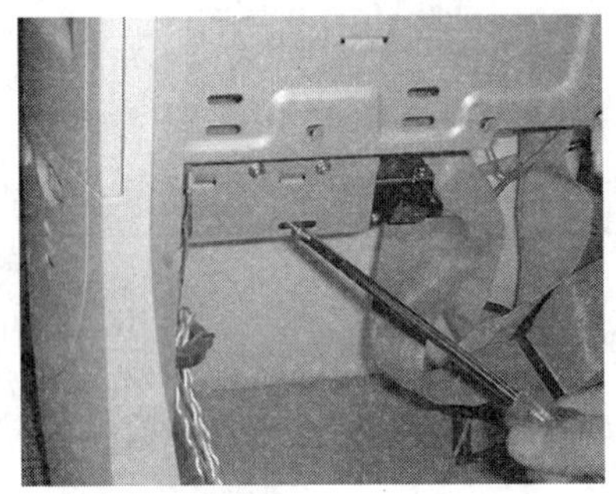

图 2-24　将硬盘放进机箱、固定硬盘

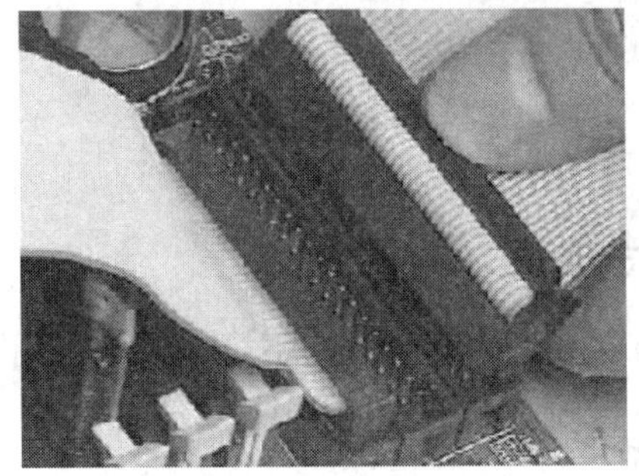

图 2-25　将硬盘数据线连接到主板上

2.1.9　第八步　安装光驱

[特别提示]

(1)通常在机箱面板的上端有 3 个 5.25 英寸的安装槽，在机箱内部找到固定面板的塑料卡，用螺丝刀撬起它们，然后往外一拉，面板就可以被拆开。

(2)拆下前面板之后，就可以看到机箱内放置光驱的位置，它分了几层，每一层间都有滑轨分隔，只要将光驱水平推入机箱内即可。

(3)用螺丝将光驱固定好，固定时选择对角线上的两个螺孔位置，注意光驱两侧螺丝的固定位置要相同。

(4)安装步骤见图 2-27、图 2-28、图 2-29 和图 2-30。

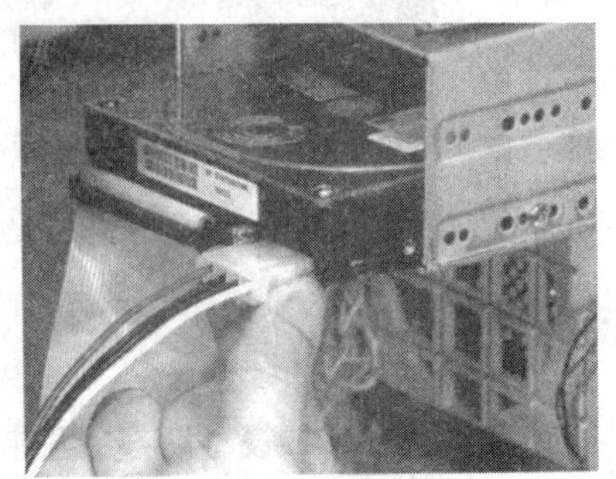

图 2-26　安装硬盘的电源线

2.1.10　第九步　最后的安装

(1)整理布线。

(2)安装显示器。

(3)连接键盘和鼠标。

(4)连接主机电源。

(5)开机检测。自检时如果没用警报声,表明一切正常,最后盖好机箱盖。

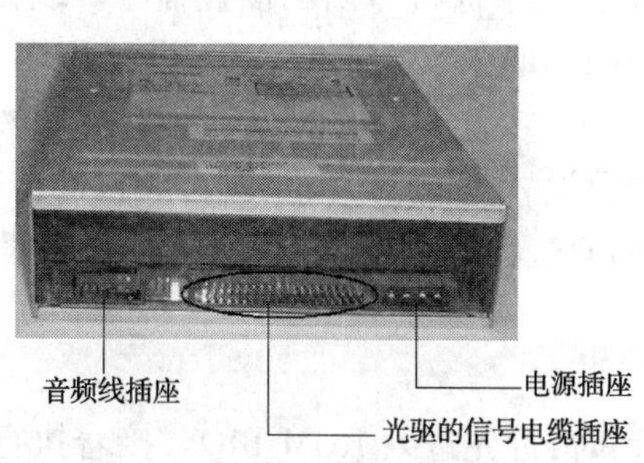

图 2-27　光驱插座

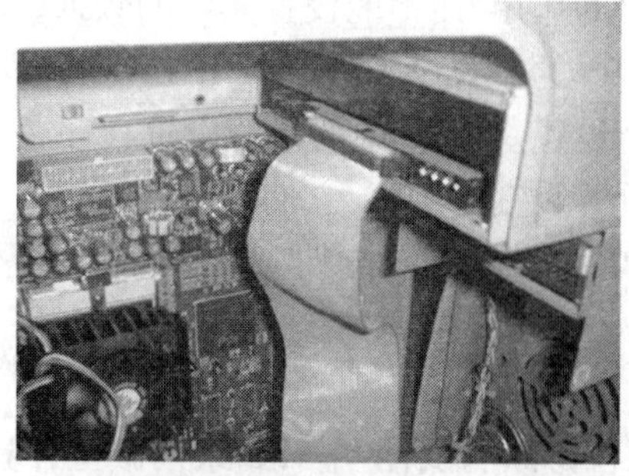

图 2-28　连接数据线

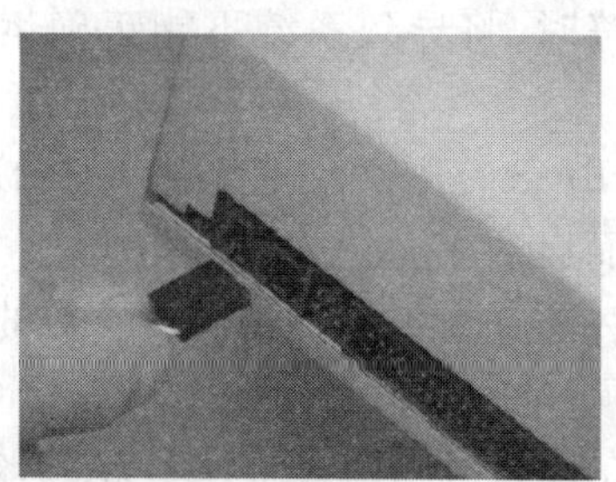

图 2-29　连接音频线

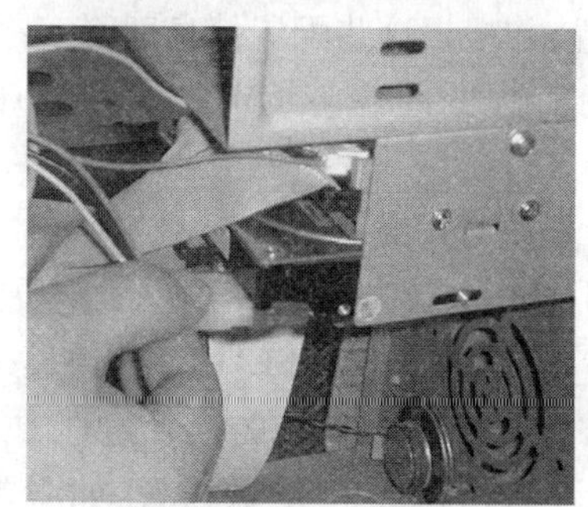

图 2-30　连接光驱电源线

2.2　系统安装篇

2.2.1　CMOS 与 BIOS

CMOS(Complementary Metal Oxide Semiconductor 的缩写)意思是互补金属氧化物半导体。它是指制造大规模集成电路芯片用的一种技术或用这种技术制造出来的芯片,是计算机主板上的一块可读写的 RAM 芯片。因为它具有可读写的特性,所以在计算机主板上用来保存通过 BIOS 设置的计算机硬件参数。

BIOS(Basic Input/Output System 的缩写),即基本输入/输出系统。它实际上是被固化到计算机中的一组程序,为计算机提供最低级的、最直接的硬件控制。更准确地说,BIOS 是硬件与软件程序之间的一个“转换器”或者说是接口,负责解决硬件的即时需求,并按软件对硬件的操作要求具体执行。

2.2.2　CMOS 与 BIOS 的区别和联系

(1)BIOS 和 CMOS 的区别。

①采用的存储材料不同。CMOS 是在低电压下可读写的 RAM,需要靠主板上的电池进行不间断供电,电池没电了,其中的信息都会丢失。而 BIOS 芯片采用 ROM,不需要电源,即使将 BIOS 芯片从主板上取下,其中的数据仍然存在。

②存储的内容不同。CMOS 中存储着 BIOS 修改过的系统的硬件和用户对某些参数的设

定值,而 BIOS 中始终固定保存计算机正常运行所必需的基本输入/输出程序、系统信息设置、开机加电自检程序和系统自举程序。

(2)BIOS 和 CMOS 的联系。CMOS 是存储芯片,属于硬件,其功能是用来保存数据,只能起到存储的作用,而不能设置其中的数据,要设置参数必须通过专门的设置程序。现在很多厂商将 CMOS 的参数设置程序固化在 BIOS 芯片中,在开机的时候进入 BIOS 设置程序,即可对系统进行设置。BIOS 中的系统设置程序是完成 CMOS 参数设置的手段,而 CMOS RAM 是存放这些设置数据的场所,它们都与计算机的系统参数设置有着密切的关系,所以有"CMOS 设置"和"BIOS 设置"两种说法,正确的应该是"通过 BIOS 设置程序对 CMOS 参数进行设置"。

2.2.3 BIOS 设置程序主要包括哪些内容?

(1)自诊断测试程序。PC 系列微型计算机启动时,首先进入 ROM BIOS,接着执行加电自检(Power-on self test,简称 post),通过读取系统主机板上 CMOS RAM 中的内容来识别系统的硬件配置,并根据这些配置信息对系统中各部件进行自检和初始化,在自检过程中,如果发现系统实际存在的硬件与 CMOS RAM 中的设置参数不符时,将导致系统不能正确运行甚至死机。

(2)系统自举装入程序。在机器启动时,系统 ROM BIOS 首先读取磁盘引导记录进内存,然后由引导记录读取磁盘操作系统重要文件进内存,从而启动系统。

(3)系统设置程序(SETUP)。通过运行 SETUP 程序,将系统的配置情况以参数的形式存入 CMOS RAM 中,在系统的启动过程中,会在屏幕上提示,询问用户是否执行 ROM BIOS 中的 SETUP 程序进行 CMOS 参数设置,如需要,则可以通过在规定时间内按某一个键(通常是 del 键)来启动 SETUP 程序,以设置正确的系统硬件参数,系统自动将参数存入到系统主板上的 CMOS RAM 中。

一般的,当微型计算机系统出现下列情况时,需运行 SETUP 程序来设置 CMOS 参数:微型计算机系统第一次加电;增加、减少、更换硬件;CMOS RAM 掉电后原内容丢失;因需要而调整某些参数设置等。

(4)主要 I/O 设备的 I/O 驱动程序及基本的中断服务程序。为保证系统常用重要程序的安全性和方便性,计算机制造商会把一些重要的设备驱动程序或一些主板上集成了的硬件的驱动程序也固化在 ROM BIOS 芯片里。

2.2.4 CMOS 设置了哪些内容?

目前,ROM BIOS 芯片中 SETUP 程序主要有 QUADTEL BIOS SETUP、AMI BIOS SETUP、AWARD BIOS SETUP、AMI WINBIOS SETUP 等。虽然 BIOS SETUP 程序的类型各异,但系统设置的内容大同小异,详细情况可参阅主机板说明书。

(1)进入主界面。开机后,当屏幕出现自检信息时,屏幕下方会出现一行"Press Del to ENTER Setup or quit",这时按下 Del 键可以进入 CMOS 设置程序,如图 2-31 所示。

图中:

STANDARD CMOS SETUP	标准 CMOS 设置
BIOS FEATURES SETUP	BIOS 标准设置
CHIPSET FEATURE SETUP	芯片组设置
POWER MANAGEMENT SETUP	电源管理设置

PNP/PCI CONFIGURATION　即插即用设备与外围设备设置

LOAD BIOS DEFAULTS　载入 BIOS 缺省值

LOAD SETUP DEFAULTS　载入 SETUP 缺省值

SUPERVISOR PASSWORD　更改管理员密码

USER PASSWORD　更改用户密码

IDE HDD AUTO DETECTION　自动检测 IDE 设置

SAVE & EXIT SETUP　存盘退出

EXIT WITHOUT SAVING　不存盘退出

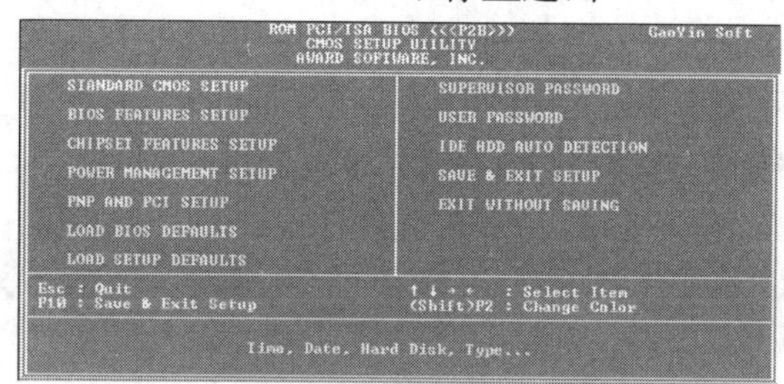

图 2-31　CMOS 主界面

(2)STANDARD CMOS SETUP(标准 CMOS 设置)。这里是最基本的 CMOS 系统设置,包括日期、驱动器和显示适配器,最重要的一项是 halt on(系统挂起设置)。

halt on。缺省设置为 All Errors,表示在 POST(Power On Self Test,加电自测试)过程中有任何错误都会停止启动,此选择能保证系统的稳定性。如果要加快速度的话,可以把它设为 No Errors,即在任何时候都尽量完成启动。不过加速的后果是有可能造成系统错误,应按需选择。

(3)BIOS FEATURES SETUP(BIOS 特征设备)。

Virus Warning/Anti-Virus Protection(病毒警告/反病毒保护)。选项:Enabled(开启),Disabled(关闭),ChipAway(芯片控制)。

CPU Level 1 Cache/Internal Cache(中央处理器一级缓存/内部缓存)。选项:Enabled,Disabled。

CPU Level 2 Cache/External Cache(中央处理器二级缓存/外部缓存)。选项:Enabled,Disabled。

CPU L2 Cache ECC Checking(CPU 二级缓存 ECC 校验)。选项:Enabled,Disabled。

Quick Power On Self Test(快速加电自检测)。选项:Enabled,Disabled。

这项设置可加快系统自检的速度,使系统跳过某些自检选项(如内存完全检测),不过开启之后会降低侦错能力,削弱系统的可靠性。

Boot Sequence(启动顺序)。选项:

A, C, SCSI/EXT。

C, A, SCSI/EXT。

C, CD-ROM, A。

CD-ROM, C, A。

D, A, SCSI/EXT (至少拥有两个 IDE 硬盘时才会出现)。

E, A, SCSI/EXT (至少拥有三个 IDE 硬盘时才会出现)。

F, A, SCSI (至少拥有四个 IDE 硬盘时才会出现)。

SCSI/EXT, A, C。

SCSI/EXT, C, A。

A, SCSI/EXT, C。

LS/ZIP,C。

Boot Sequence EXT Means(把启动次序的 EXT 定义为何种类型)。选项:IDE、SCSI。

Swap Floppy Drive(交换软盘驱动器号)。选项:Enabled,Disabled。

Boot Up Floppy Seek(启动时寻找软盘驱动器)。选项:Enabled,Disabled。

Boot Up NumLock Status(启动时键盘上的数字锁定键的状态)。选项:On,Off。

Gate A20 Option(A20 地址线选择)。选项:Normal(正常)、Fast(加速)。

IDE HDD Block Mode(IDE 硬盘块模式)。选项:Enabled,Disabled。

32-Bit Disk Access(32 位磁盘存取)。选项:Enabled,Disabled。

Typematic Rate Setting(输入速度设置)。选项:Enabled,Disabled。

Typematic Rate (Chars/Sec)(输入速率,单位:字符/秒)。选项:6, 8, 10, 12, 15, 20, 24, 30。在一秒之内连续输入的字符数,数值越大速度越快。

Typematic Rate Delay (Msec)[输入延迟,单位:毫秒(ms)]。选项:250, 500, 750,1000。每一次输入字符延迟的时间,数值越小速度越快。

Security Option(安全选项)。选项:System,Setup。

只要在 BIOS 中建立了密码,此特性才会开启,设置为 System 时,BIOS 在每一次启动都会输入密码,设置为 Setup 时,在进入 BIOS 菜单时要求输入密码。如果不想别人乱动,还是加上密码的好。

PCI/VGA Palette Snoop(PCI/VGA 调色板探测)。选项:Enabled,Disabled。

Assign IRQ For VGA(给 VGA 设备分配 IRQ)。选项:Enabled,Disabled。

MPS Version Control For OS(面向操作系统的 MPS 版本)。选项:1.1,1.4。

OS Select For DRAM > 64MB。选项:OS/2,Non-OS/2。

HDD S. M. A. R. T. Capability(硬盘 S. M. A. R. T. 能力)。选项:Enabled,Disabled。

Report No FDD For Win9x。选项:Enabled,Disabled。

Delay IDE Initial (Sec)(延迟 IDE 初始化)。选项:0, 1, 2, 3,…。

(4)Chipset Features Setup(芯片组特性设置)。

SDRAM RAS-to-CAS Delay(内存行地址控制器到列地址控制器延迟)。选项:2、3。

SDRAM RAS Precharge Time(SDRAM RAS 预充电时间)。选项:2、3。

SDRAM CAS Latency Time/SDRAM Cycle Length(SDRAM CAS 等待时间/SDRAM 周期长度)。选项:2、3。

SDRAM Leadoff Command(SDRAM 初始命令)。选项:3、4。

SDRAM Bank Interleave(SDRAM 组交错)。选项:2-Bank、4-Bank,Disabled。

SDRAM Precharge Control(SDRAM 预充电控制)。选项:Enabled,Disabled。

DRAM Data Integrity Mode(DRAM 数据完整性模式)。选项:ECC、Non-ECC。

Read-Around-Write(在写附近读取)。选项:Enabled,Disabled。

System BIOS Cacheable(系统 BIOS 缓冲)。选项:Enabled,Disabled。

Video BIOS Cacheable(视频 BIOS 缓冲)。选项:Enabled,Disabled。

Video RAM Cacheable(视频内存缓冲)。选项:Enabled,Disabled。

Passive Release(被动释放)。选项:Enabled,Disabled。

AGP Aperture Size(MB)(AGP 区域内存容量)。选项:4、8、16、32、64、128、256。

AGP 2 × Mode(开启两倍 AGP 模式)。选项:Enabled,Disabled。

AGP Master 1WS Read(AGP 主控 1 个等待读周期)。选项:Enabled,Disabled。

AGP Master 1WS Write(AGP 主控 1 个等待写周期)。选项:Enabled,Disabled。

Spread Spectrum/Auto Detect DIMM/PCI Clk(伸展频谱/自动侦察 DIMM/PCI 时钟)。选项:Enabled, Disabled, 0.25%, 0.5%, Smart Clock(智能时钟)。

Flash BIOS Protection(可刷写 BIOS 保护)。选项:Enabled,Disabled。

Hardware Reset Protect(硬件重启保护)。选项:Enabled,Disabled。

CPU Warning Temperature(CPU 警告温度)。选项:35、40、45、50、55、60、65、70。

Shutdown Temperature。选项:50、53、56、60、63、66、70。

CPU Host/PCI Clock(CPU 外频/PCI 时钟)。选项:Default(66/33MHz)、68/34MHz、75/37MHz、83/41MHz、100/33MHz、103/34MHz、112/33MHz、133/33MHz。

设置 CPU 的外频,是软超频的一种,尽量不要选择非标准 PCI 外频(即 33MHz 以外的),避免系统负荷过重而烧掉硬件。

(4)Integrated Peripherals(完整的外围设备设置)。

Onboard IDE-1 Controller(板上 IDE 第一接口控制器)。选项:Enabled,Disabled。

Onboard IDE-2 Controller(板上 IDE 第二接口控制器)。选项:Enabled,Disabled。

Master/Slave Drive PIO Mode(主/副驱动器 PIO 模式)。选项:0、1、2、3、4、Auto。

Master/Slave Drive Ultra DMA。选项:Auto(自动)、Disabled。

Ultra DMA-66 IDE Controller(Ultra DMA 66 IDE 控制器)。选项:Enabled,Disabled。

USB Controller(USB 控制器)。选项:Enabled,Disabled。

USB Keyboard Support(USB 键盘支持)。选项:Enabled,Disabled。

USB Keyboard Support Via(USB 键盘支持模式)。选项:OS、BIOS。

Init Display First(显示适配器选择)。选项:AGP、PCI。

KBC Input Clock Select(键盘控制器输入时钟选择)。选项:8MHz、12MHz、16MHz。

Power On Function(电源开启功能)。选项:Button Only(电源开关键)、Keyboard 98。

Onboard FDD Controller(板上软盘驱动器控制器)。选项:Enabled,Disabled。

Onboard Serial Port 1/2(板上串行口 1/2)。选项:Disabled,3F8h/IRQ4,2F8h/IRQ3。

Onboard IR Function(板上红外线功能)。选项:IrDA (HPSIR) mode, ASK IR(Amplitude Shift Keyed Infra-Red,长波形可移动输入红外线)mode, Disabled 。

Duplex Select(红外传输双向选择)。选项:Full-Duplex(完全双向)、Half-Duplex(半双向)。

Onboard Parallel Port(板上并行口)。选项:3BCh/IRQ7, 278h/IRQ5, 378h/IRQ7, Disabled。

Parallel Port Mode(并行口模式)。选项:ECP, EPP, ECP + EPP, Normal (SPP)。

ECP Mode Use DMA(ECP 模式使用的 DMA 通道)。选项:Channel 1(通道 1), Channel 3(通道 2)。

EPP Mode Select(EPP 模式选择)。选项:EPP 1.7、EPP 1.9。

(5)PNP/PCI Configuration(即插即用/PCI 设置)。

PNP OS Installed(即插即用操作系统安装)。选项:Yes(有)、No(无)。

Force Update ESCD / Reset Configuration Data(强迫升级 ESCD/重新安排配置数据)。选项:Enabled,Disabled。

Resource Controlled By(资源控制)。选项:Auto(自动), Manual(人工)。

Assign IRQ For USB(给 USB 设备分配 IRQ)。选项:Enabled,Disabled。

PCI IRQ Activated By(PCI 激活 IRQ)。选项:Edge(边带), Level(水平)。

PIRQ_0 Use IRQ No. ~ PIRQ_3 Use IRQ No.。选项:Auto,3,4,5,7,9,10,11,12,14,15。

Power Management(能源管理)。选项:Enabled,Disabled。

ACPI function Power Management。选项:Users Define(用户定义),Min Saving(最小节能),Max Saving(最大节省),Disable(关闭)。

PM Control by APM(由 APM 控制能源管理)。选项:Enabled,Disabled。

Video Off Option(屏幕关闭选项)。选项:DMPS,Blank Screen,V/H Sync + Blank。

Video off After(VGA 关闭)。选项:Doze(打盹),StandBy(待命),Suspend(睡眠)。

MODEM Use IRQ(MODEM 使用的 IRQ 号)。选项:3,4,5,7,9,10,11。

Doze Mode(打盹模式)。选项:1Min(分钟),2Min,4Min,8Min,12Min,20Min,30Min,40Min,1Hour(小时),Disabled。

Standby Mode(待命模式)。选项:1Min(分钟),2Min,4Min,8Min,12Min,20Min,30Min,40Min,1Hour(小时),Disabled。

Suspend Mode(睡眠模式)。选项:1Min(分钟),2Min,4Min,8Min,12Min,20Min,30Min,40Min,1Hour(小时),Disabled。

HDD Power Down(硬盘关闭控制)。选项:1 ~ 15Min,Disabled。

Throttle Duty Cycle(节能周期)。选项:12.5%,25%,37.5%,50%,62.5%,75.0%。

PCI/VGA Active Monitor(PCI/视频激活显示器)。选项:Enabled,Disabled。

Soft-Off by PWRBTN(电源按钮关机)。选项:Delay 4 Sec(延迟 4 秒)、Instand-Off(立即关闭)。

CPU FAN Off In Suspend(在睡眠模式下停止 CPU 风扇)。选项:Enabled,Disabled。

Power On By Ring(响铃开机)。选项:Enabled,Disabled。

Resume By Alarm(警报恢复)。选项:Enabled,Disabled。

(6)LOAD BIOS DEFAULTS(载入 BIOS 缺省值)。

本项可以将 CMOS 参数恢复为主板厂商设定的默认值,这些默认值是为了确保系统能够正常运行为目的的,不考虑系统运行的性能。当 BIOS 设置不当,引起硬件故障时,可以利用该功能将参数恢复为默认值,然后逐步修改,找到原因所在。

(7)LOAD SETUP DEFAULTS(载入 SETUP 缺省值)。

本项用于装载 BIOS ROM 的最佳优化值。

(8)SUPERVISOR PASSWORD(更改管理员密码)。

设置管理员密码可以使管理员有权限更改 BIOS 设置。如果取消密码,只要在这个项目上两次回车,不输入任何密码就可以了。

(9)USER PASSWORD(更改用户密码)。

如果没有设置管理员密码,则用户密码也会起到相同的作用。如果同时设置了管理员与用户密码且不相同,则使用用户密码只能看到设置好的数据,而不能对设置进行修改。为了使设置的口令有效,还应该在 BIOS FEATURES SETUP 中,选择 Security Option 选项进行设置。将其值设为 SETUP,表示此时任何人都可以使用计算机,只有在进入 BIOS 设置时才需要输入密码。如果将此项的值设置为 System(或者 Always),则表示启动计算机时也需要输入密码。

(10)IDE HDD AUTO DETECTION(自动检测 IDE 设置)。

使用此项可以自动检测主板的 IDE 接口所连接的设备,从中可以看到硬盘的基本资料。

(11)SAVE & EXIT SETUP(存盘退出)。

保存所做的修改,退出 CMOS 设置程序。使用 F10 功能键,效果是一样的。

(12)EXIT WITHOUT SAVING(不存盘退出)。

放弃所做的任何修改,退出设置程序。

2.2.5 操作系统中的文件系统有哪些?

微软在 DOS/Windows 系列操作系统中常用的有 5 种不同的文件系统,分别是:FAT16、FAT32、NTFS、NTFS5.0 和 WINFS。其中 FAT16、FAT32 均是 FAT(File Allocation Table,文件分配表)文件系统。

2.2.6 磁盘的结构是什么?

(1)扇区和簇。扇区和簇是磁盘数据的基本划分单位。扇区由磁盘的物理结构决定,一般厂商规定为 512 字节。簇是连续扇区的逻辑组合。文件系统用簇来使磁盘易于管理,减少处理开销。

(2)分区和卷。一个或多个磁盘的逻辑划分形成了文件系统的边界。就文件系统的抽象层来说,分区和卷的含义相同。分区和卷用磁盘分区进行定义。

(3)分区引导扇区。每个分区的第一个扇区包含了文件系统的信息和一段用来装载文件系统的引导程序。DOS 和 Windows 9X 的加载程序是 IO. SYS,Windows NT 和 Windows 2000 的加载程序是 NTLDR。

(4)BIOS 参数块。它是引导扇区的一个子集,包含特定的文件系统信息。

(5)FAT。FAT 是磁盘文件簇的映射。标准的 FAT 用 16 位地址对簇进行编址,最大容量为 2GB。而 FAT32 用 32 位地址编址,扩充了文件系统的容量,最大容量为 8TB(Windows 2000 限制为 32GB)。

(6)主文件表。主文件表(Master File Table,MFT)是 NTFS 系统使用的面向对象的文件数据库。NTFS 采用 64 位寻址方案,最大容量为 16EB。目前,关于磁盘物理结构和转换的工业标准限制了在一个磁盘或磁盘阵列中扇区的最大个数为 32 位,加上每扇区 512 字节的 9 位,最大容量为 41 位,即 2TB。

(7)目录。文件名的索引,把文件系统组织成分层的树状结构。

2.2.7 硬盘分区的步骤是什么?

(1)启动计算机,按 DEL 进入 CMOS 设置,将系统的启动顺序设定为从光驱或者软驱启动。

(2)将启动光盘或者软盘放入光驱,重新启动计算机,进入启动选择画面,根据实际情况选择合适的启动选项。

(3)根据实际需要,选择分区软件对硬盘进行分区和格式化。

2.2.8 硬盘分区的原则是什么？

(1)对新硬盘进行分区。建立基本分区→建立扩展分区→再分成若干个逻辑驱动器。

(2)对已分区的硬盘进行分区。删除所有逻辑分区→删除扩展分区→删除主分区→重新分区。

2.2.9 常用的分区工具有哪些？

(1)FDISK。

(2)DISK Manager。

(3)Partition Magic。

2.2.10 如何利用 FDISK 进行分区设置？

(1)启动 FDISK。

在提示符下键入 fidsk 回车，进入 fdisk 界面，见图 2-32。

画面大意是说磁盘容量已经超过了 512M，为了充分发挥磁盘的性能，让一个盘的分区超过 2GB，建议选用 FAT32 文件系统，输入“Y”键后按回车键。进入主界面，见图 2-33。

```
Your computer has a disk larger than 512 MB. This version of Windows
includes improved support for large disks, resulting in more efficient
use of disk space on large drives, and allowing disks over 2 GB to be
formatted as a single drive.

IMPORTANT: If you enable large disk support and create any new drives on this
disk, you will not be able to access the new drive(s) using other operating
systems, including some versions of Windows 95 and Windows NT, as well as
earlier versions of Windows and MS-DOS. In addition, disk utilities that
were not designed explicitly for the FAT32 file system will not be able
to work with this disk. If you need to access this disk with other operating
systems or older disk utilities, do not enable large drive support.

Do you wish to enable large disk support (Y/N)..........? [Y]
```

图 2-32　fdisk 界面

```
                              FDISK Options

Current fixed disk drive: 1

Choose one of the following:

1. Create DOS partition or Logical DOS Drive
2. Set active partition
3. Delete partition or Logical DOS Drive
4. Display partition information

Enter choice: [1]

Press Esc to exit FDISK
```

图 2-33　fdisk 主界面

图中选项解释：

①创建 DOS 分区或逻辑驱动器。

②设置活动分区。

③删除分区或逻辑驱动器。

④显示分区信息。

(2)删除分区。如果硬盘已经分过区，想重新分区，就要首先删除旧分区（硬盘上数据全部丢失）。

如果是新硬盘，选择“1”后按回车键，进入创建分区界面。

选择上图菜单中的第三项（3. delete partition or Logical DOS Drive）进入删除分区操作界面，见图 2-34。

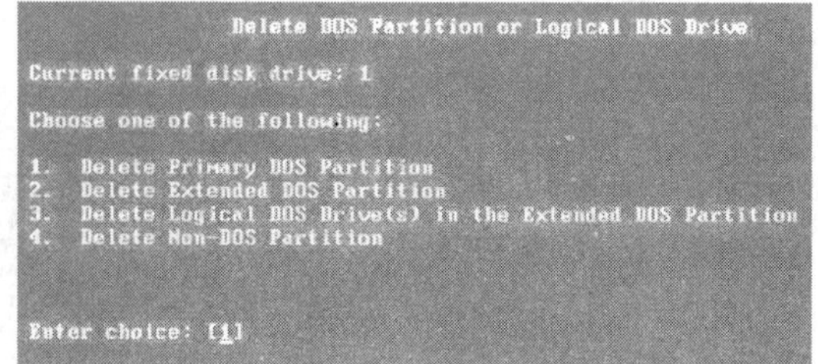

图 2-34　删除分区

图中选项解释：

①删除主分区。

②删除扩展分区。

③删除扩展分区中逻辑分区。

④删除非 DOS 分区。

删除分区的顺序从下往上,即“非 DOS 分区”→“逻辑分区”→“扩展分区”→“主分区”。

删除扩展分区中逻辑分区

除非本机安装了非 Windows 的操作系统,一般不会产生非 DOS 分区。所以在此一般选择“3”。进入删除逻辑分区界面,键入要删除分区的盘符,见图 2-35。

输入卷标(如无,直接回车。如果卷标为中文,可以退回到 DOS 提示符状态,格式化该盘),见图 2-36。

```
Delete Logical DOS Drive(s) in the Extended DOS Partition

Drv Volume Label  Mbytes  System  Usage
D:                 5005  UNKNOWN    10%
E:                43190  UNKNOWN    90%

Total Extended DOS Partition size is 48195 Mbytes (1 MByte = 1048576 bytes)

WARNING! Data in a deleted Logical DOS Drive will be lost.
What drive do you want to delete.............................? [E]
```

图 2-35　删除逻辑分区-1

```
Delete Logical DOS Drive(s) in the Extended DOS Partition

Drv Volume Label  Mbytes  System  Usage
D:                 5005  UNKNOWN    10%
E:                43190  UNKNOWN    90%

Total Extended DOS Partition size is 48195 Mbytes (1 MByte = 1048576 bytes)

WARNING! Data in a deleted Logical DOS Drive will be lost.
What drive do you want to delete.............................? [E]
Enter Volume Label.............................? [_          ]
```

图 2-36　删除逻辑分区-2

按“Y”确认删除,见图 2-37。

用同样的做法,将所有逻辑分区删除,见图 2-38。

```
Delete Logical DOS Drive(s) in the Extended DOS Partition

Drv Volume Label  Mbytes  System  Usage
D:                 5005  UNKNOWN    10%
E:                43190  UNKNOWN    90%

Total Extended DOS Partition size is 48195 Mbytes (1 MByte = 1048576 bytes)

WARNING! Data in a deleted Logical DOS Drive will be lost.
What drive do you want to delete.............................? [E]
Enter Volume Label.............................? [           ]
Are you sure (Y/N).............................? [N]
```

图 2-37　删除逻辑分区-3

```
Delete Logical DOS Drive(s) in the Extended DOS Partition

Drv Volume Label  Mbytes  System  Usage
D:  Drive deleted
E:  Drive deleted

 All logical drives deleted in the Extended DOS Partition.
```

图 2-38　删除所有逻辑分区

删除扩展分区

按 ESC 键返回到 fdisk 主界面菜单,再次选“3”,之后进入删除扩展分区界面(delete Extended DOS Partition)。按“Y”确认删除,见图 2-39。

扩展分区即被删除,见图 2-40。

图 2-39　删除扩展分区-1

```
Delete Extended DOS Partition

Current fixed disk drive: 1

Partition  Status  Type     Volume Label  Mbytes  System   Usage
 C: 1        A     PRI DOS                 3004   UNKNOWN    6%

Total disk space is 51199 Mbytes (1 Mbyte = 1048576 bytes)

WARNING! Data in the deleted Extended DOS Partition will be lost.

Extended DOS Partition deleted
```

图 2-40　删除扩展分区-2

删除主分区

按 ESC 键返回到 fdisk 主界面菜单,再次选“3”,之后进入删除主分界面(delete Primary DOS Partition)。按“1”,表示删除第一个主分区。当有多个主分区时,需要分别删除,见图 2-41。

输入卷标,按“Y”确认删除,见图 2-42。

主分区即被删除。即所有分区都被删除,见图 2-42。

按 ESC 键返回到 fdisk 主界面菜单,准备创建分区。

(3)创建分区。在 fdisk 主界面菜单中选择“1”后按回车键,进入创建分区界面,见图 2-43。

Delete Primary DOS Partition
Current fixed disk drive: 1
Partition Status Type Volume Label Mbytes System Usage
C: 1 A PRI DOS 3004 UNKNOWN 6%
Total disk space is 51199 Mbytes (1 Mbyte = 1048576 bytes)
WARNING! Data in the deleted Primary DOS Partition will be lost.
What primary partition do you want to delete..? [1]

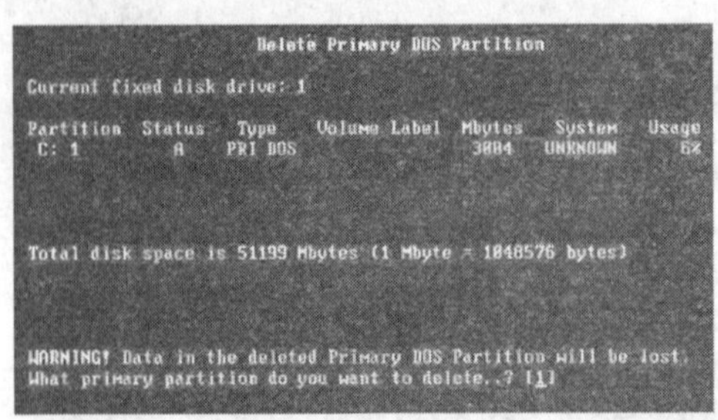

图 2-41　删除主分区-1

Delete Primary DOS Partition
Current fixed disk drive: 1
Partition Status Type Volume Label Mbytes System Usage
C: 1 A PRI DOS 3004 UNKNOWN 6%
Total disk space is 51199 Mbytes (1 Mbyte = 1048576 bytes)
WARNING! Data in the deleted Primary DOS Partition will be lost.
What primary partition do you want to delete..? [1]
Enter Volume Label..............................? [ ]
Are you sure (Y/N)..............................? [Y]

图 2-42　删除主分区-2

图中选项解释:1. 创建主分区。2. 创建扩展分区。3. 创建逻辑分区。

硬盘分区遵循着“主分区→扩展分区→逻辑分区”的次序原则,正好和删除分区相反。一个硬盘可以划分多个主分区,但没必要划分那么多,一般一个足够了。

主分区之外的硬盘空间就是扩展分区,而逻辑分区是对扩展分区再进行划分得到的。

①创建主分区。

在创建分区界面中选择“1”后回车确认,Fdisk 开始检测硬盘,见图 2-44。

Create DOS Partition or Logical DOS Drive
Current fixed disk drive: 1
Choose one of the following:
1. Create Primary DOS Partition
2. Create Extended DOS Partition
3. Create Logical DOS Drive(s) in the Extended DOS Partition
Enter choice: [1]

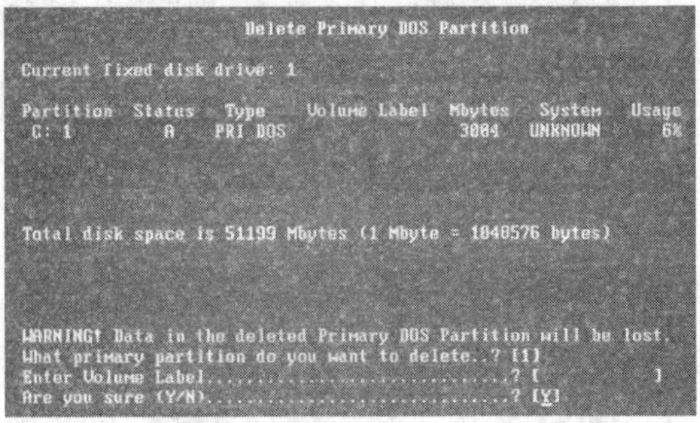

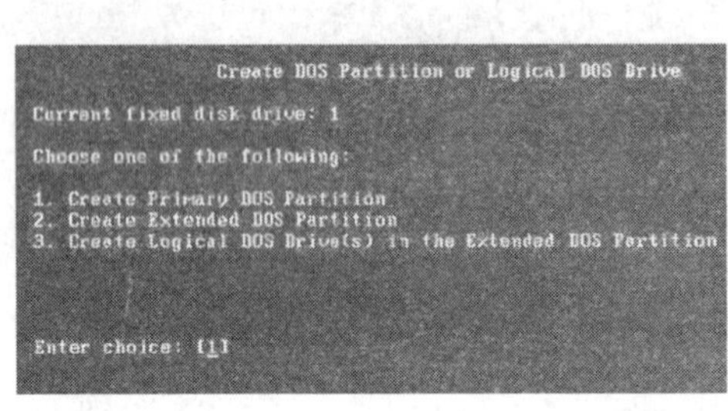

图 2-43　创建分区界面

Create Primary DOS Partition
Current fixed disk drive: 1
Verifying drive integrity, 11% complete._

图 2-44　创建主分区-1

检测无误之后,出现选择:你是否希望将整个硬盘空间作为主分区并激活?

主分区一般就是 C 盘,随着硬盘容量的日益增大,很少有人硬盘只分一个区,所以这里选“N”,见图 2-45。

并按回车。继续检测硬盘……此时会显示硬盘总空间,见图 2-46。

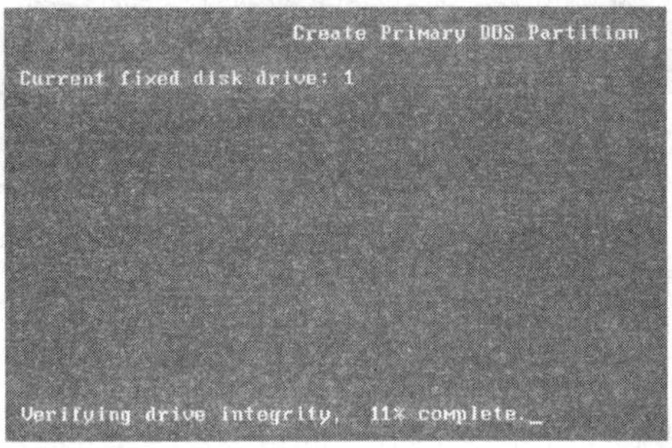

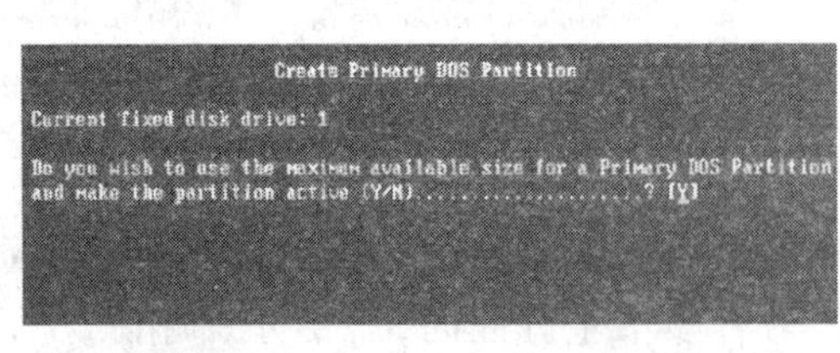

Create Primary DOS Partition
Current fixed disk drive: 1
Do you wish to use the maximum available size for a Primary DOS Partition
and make the partition active (Y/N)...................? [Y]

图 2-45　创建主分区-2

Create Primary DOS Partition
Current fixed disk drive: 1
Total disk space is 51151 Mbytes (1 Mbyte = 1048576 bytes)
Verifying drive integrity, 15% complete._

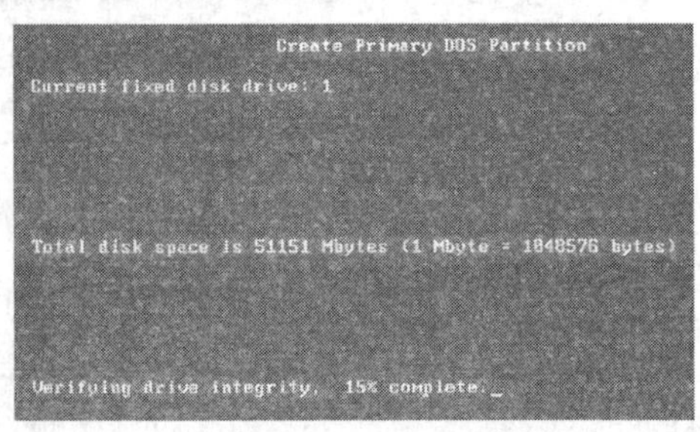

图 2-46　创建主分区-3

检测完毕后,设置主分区的容量,可直接输入分区大小(以 MB 为单位)或分区所占硬盘容量的百分比(%),回车确认,见图 2-47。

主分区 C 盘即被创建，按 ESC 键继续操作，见图 2-48。

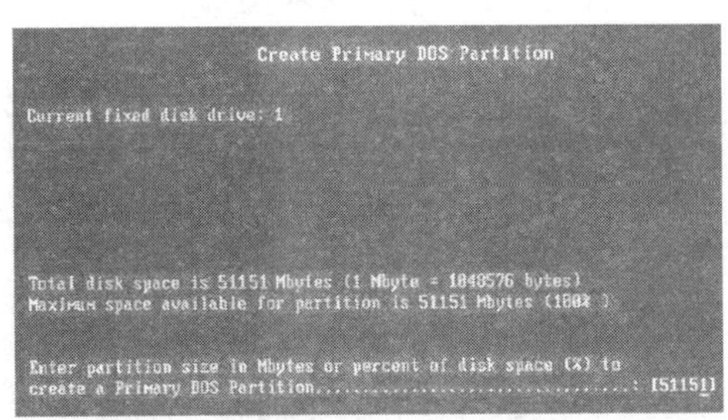

Create Primary DOS Partition
Current fixed disk drive: 1
Total disk space is 51151 Mbytes (1 Mbyte = 1048576 bytes)
Maximum space available for partition is 51151 Mbytes (100%)
Enter partition size in Mbytes or percent of disk space (%) to
create a Primary DOS Partition.................................: [51151]

图 2-47　创建主分区-3

Create Primary DOS Partition
Current fixed disk drive: 1
Partition Status Type Volume Label Mbytes System Usage
C: 1 PRI DOS 3030 UNKNOWN 6%
Primary DOS Partition created
Press Esc to continue_

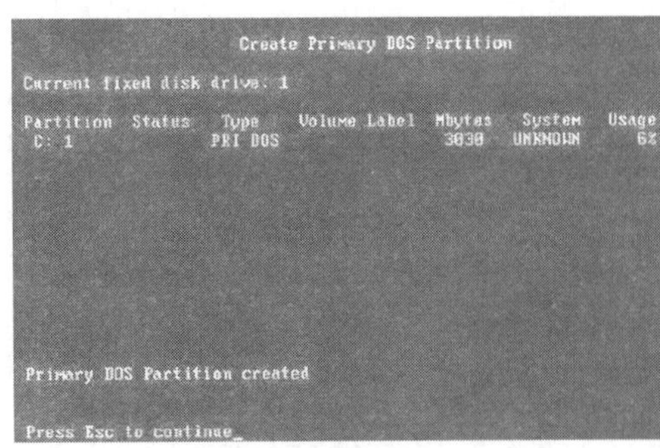

图 2-48　创建主分区-4

②创建扩展分区。

在 Fdisk 主菜单，选择“1”，之后再选 2 进入创建扩展分区（create Extended Dos Partition）界面。硬盘检验完毕后，会显示硬盘况空间大小和剩余空间大小，并要设置扩展分区的容量，见图 2-49。

一般将除主分区之外的所有空间划为扩展分区，直接按回车即可。如果想安装微软之外的操作系统，则可根据需要输入扩展分区的空间大小或百分比，见图 2-50，扩展分区即被创建，见图 2-51。

Create Extended DOS Partition
Current fixed disk drive: 1
Partition Status Type Volume Label Mbytes System Usage
C: 1 PRI DOS 3030 UNKNOWN 6%
Verifying drive integrity, 9% complete.

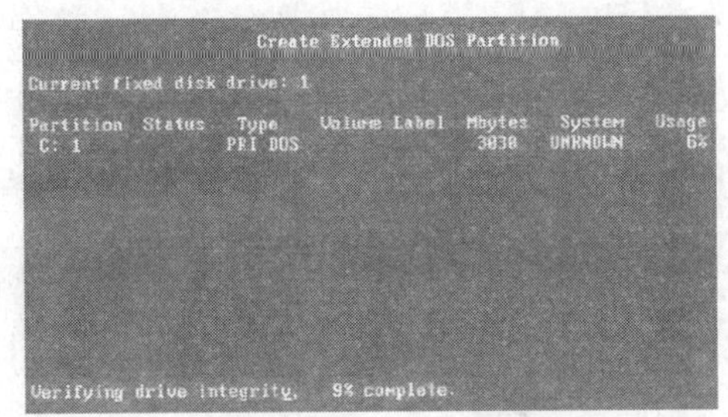

图 2-49　创建扩展分区-1

Create Extended DOS Partition
Current fixed disk drive: 1
Partition Status Type Volume Label Mbytes System Usage
C: 1 PRI DOS 3030 UNKNOWN 6%
Total disk space is 51151 Mbytes (1 Mbyte = 1048576 bytes)
Maximum space available for partition is 48195 Mbytes (94%)
Enter partition size in Mbytes or percent of disk space (%) to
create an Extended DOS Partition..............................: [48195]

图 2-50　创建扩展分区-2

按下 ESC 键后进入创建逻辑分区界面。

③创建逻辑分区。

进入创建逻辑分区，硬盘检测完毕后，会显示扩展分区所占空间大小，并要设置逻辑分区大小，见图 2-52。

Create Extended DOS Partition
Current fixed disk drive: 1
Partition Status Type Volume Label Mbytes System Usage
C: 1 PRI DOS 3030 UNKNOWN 6%
2 EXT DOS 48195 UNKNOWN 94%
Extended DOS Partition created

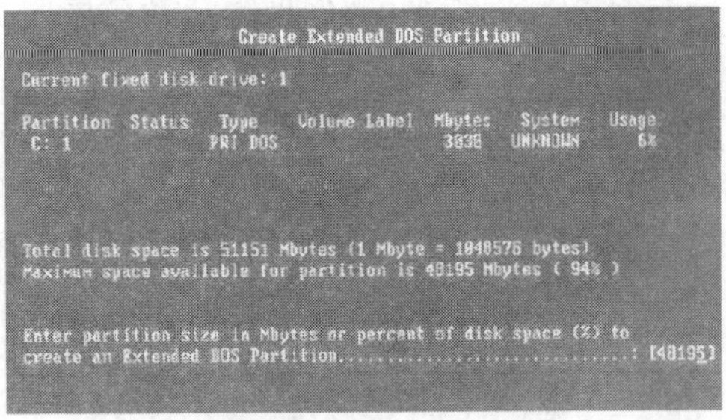

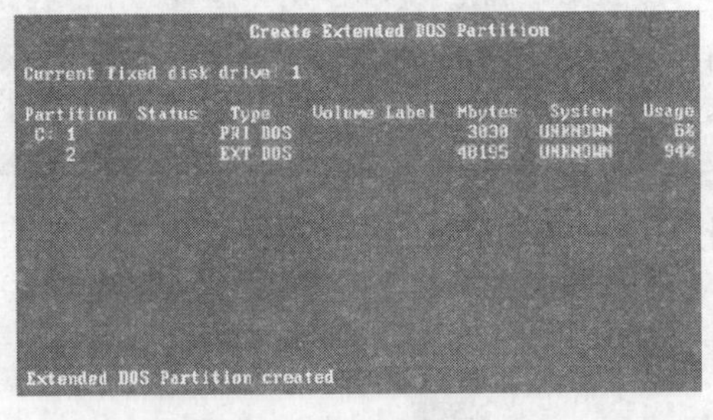

图 2-51　创建扩展分区-2

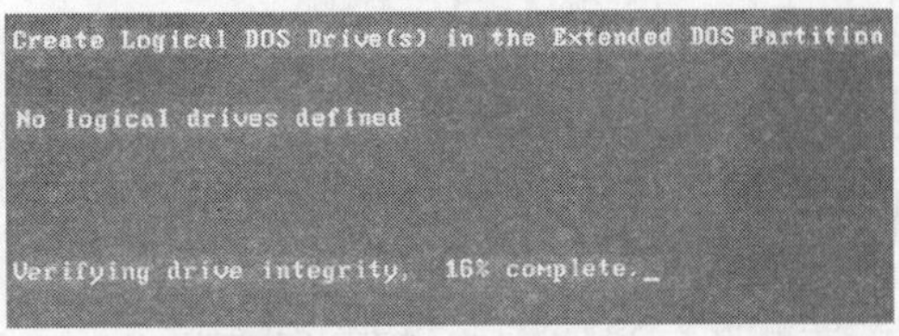

Create Logical DOS Drive(s) in the Extended DOS Partition
No logical drives defined
Verifying drive integrity, 16% complete._

图 2-52　创建逻辑分区-1

此时，可以根据用户使用情况设置除 C 盘之外的其他盘。在此输入的百分比，是指所占扩展分区空间大小的百分比，见图 2-53。

例如:想创建 DE 两个分区,在此时输入 d 盘的分区大小(这里是 10%),D 盘就会被创建,硬盘会再次被检测,以待创建其他的盘,见图 2-54。

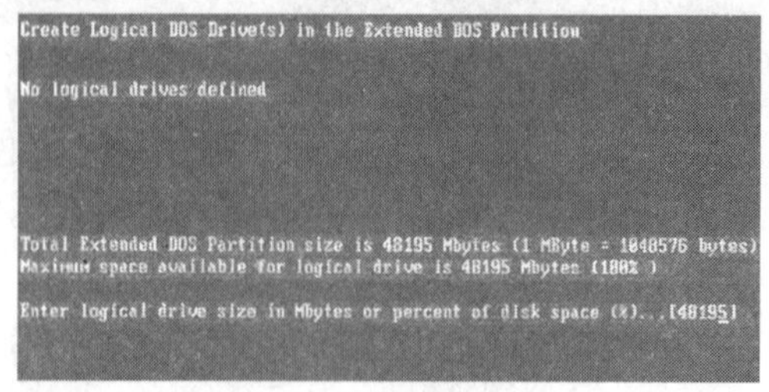

图 2-53　创建逻辑分区-2

图 2-54　创建逻辑分区-3

硬盘检测完毕,会显示剩余空间大小,再次输入 E 盘的分区大小(这里是 90%),E 盘即被创建,见图 2-55。

此时,所有分区创建完毕。

注:在重新启动计算机格式化安装系统之前,还需要激活主分区。

(4)设置活动分区。回到 fdisk 主界面菜单,选择 2(Set active partition),进入设置活动分区界面,见图 2-56。

只有主分区才可以被设置为活动分区。

选择数字“1”,即设 C 盘为活动分区。

```
Drv Volume Label  Mbytes  System   Usage
D:                  5005  UNKNOWN    10%
E:                 43190  UNKNOWN    90%

All available space in the Extended DOS Partition
is assigned to logical drives.
Press Esc to continue_
```

图 2-55　创建逻辑分区-4

```
                    Set Active Partition
Current fixed disk drive: 1
Partition  Status  Type     Volume Label  Mbytes  System   Usage
 C: 1              PRI DOS                  3004  UNKNOWN     6%
    2              EXT DOS                 48195  UNKNOWN    94%

Total disk space is 51199 Mbytes (1 Mbyte = 1048576 bytes)
Enter the number of the partition you want to make active..........: [1]
```

图 2-56　设置活动分区-1

C 盘就会被激活,此时会看到 C 标志后会多一个“A”的标志,见图 2-57。

设置完毕后,按 ESC 返回主界面。

(5)重启系统。在主界面再按 ESC,会有提示,见图 2-58。

分区后必须重新启动计算机,这样分区才能够生效;重启后必须格式化硬盘的每个分区,这样分区才能够使用。

(6)格式化。重新启动计算机后,再进入 DOS 界面,在提示符下键入 Format c:,按回车,格式化完成。

至此分区设置完毕,就可以安装操作系统了。

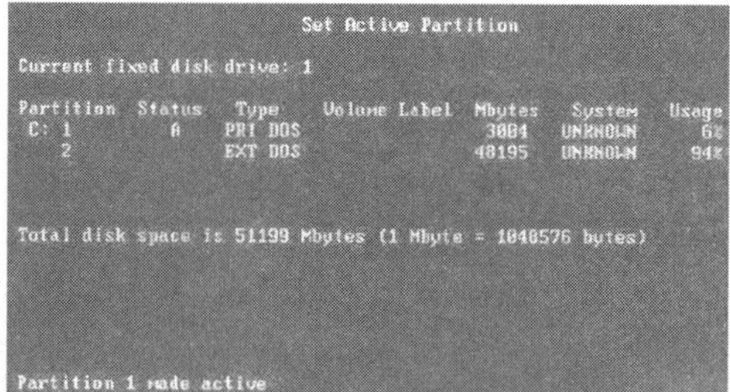

图 2-57　设置活动分区-2

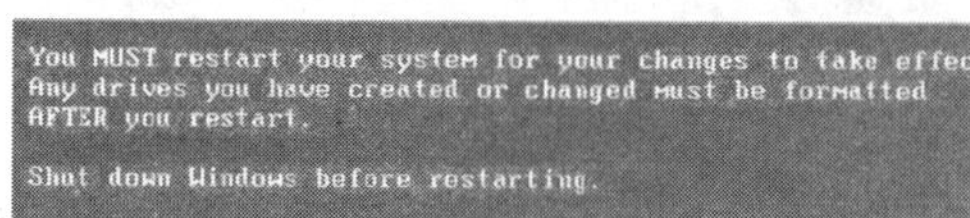

图 2-58　计算机重启提示

2.2.11 如何在计算机中安装多个操作系统?

在多系统安装中,操作系统的高低是很有讲究的,可以由低版本到高版本,也可以由高版本到低版本,但安装是不一样的,例如:

(1)由低到高:Windows 2003→Windows XP。这种从低版本向高版本逐步进行安装的方式是最为简单方便的,因为以这种方式安装的系统,高版本系统能够正确识别出现有的低版本系统,并自动产生可正常引导的多系统菜单,不会出现诸如引导文件丢失导致不能启动系统等故障。

①安装 Windows 2003。首先在 BIOS 中设置系统启动顺序为"光盘优先启动",然后把 Win2003 安装盘放入光驱,重启计算机,进入 Win2003 安装向导窗口,依照提示操作就可以。但有一点要注意:在准备安装时,有一个安装模式选择窗口,其中提供了重新安装和升级安装两种安装方式,这里必须选择"重新安装"才可以,如果选择了"升级安装",那么如果原来硬盘上安装过 Win98 系统,则将被 Win2003 系统所取代,只保留 Win2003 系统。

②安装 Windows XP。Win2003 安装好后,下面我们继续安装更为先进的 WinXP 系统。在 Win2003 环境下将 WinXP 安装盘放入光驱,开始安装。整个安装过程 WinXP 都为我们做了很详细的向导,所以安装很简单。需要注意的有两点,一是安装类型选择"全新安装";二是选择安装分区时选择把它安装到 Win2003 以外的分区即可。完成 WinXP 安装后,重新启动计算机,一个包含 Win2003 和 WinXP 的双系统启动菜单就产生了,一个双系统安装也就完成了。

(2)由高到低:Windows XP→Windows 2003。有些时候我们并不能按照从低版本逐步向高版本安装的方式进行安装,如计算机原本只安装了一个 WinXP 系统,而现在需要做一个 Win2003 和 WinXP 的双系统,如果试图在 WinXP 环境下安装 Win2003,将会出现"您所安装的系统版本过低,不能进行安装"的错误提示,从而无法按照常规方法进行安装。

解决方案如下:首先在 BIOS 中设置启动顺序为从光盘启动,然后使用 Windows2003 的光盘启动盘进行启动安装,注意把它安装到 WinXP 以外的分区即可。

2.2.12 为什么需要驱动程序?

驱动程序即添加到操作系统中的一小块代码,其中包含有关硬件设备的信息。有了此信息,计算机就可以与设备进行通信。驱动程序是硬件厂商根据操作系统编写的配置文件,可以说没有驱动程序,计算机中的硬件就无法工作。操作系统不同,硬件的驱动程序也不同,各个硬件厂商为了保证硬件的兼容性及增强硬件的功能会不断地升级驱动程序。

2.2.13 在计算机中需要安装哪些驱动程序?

在 Windows 系统中,需要安装主板、光驱、显卡、声卡等一套完整的驱动程序。如果需要外接别的硬件设备,则还要安装相应的驱动程序,如:外接游戏硬件要安装手柄、方向盘、摇杆、跳舞毯等驱动程序;外接打印机要安装打印机驱动程序;上网或接入局域网要安装网卡、Modem 甚至 ISDN、ADSL 的驱动程序等。

在 Windows 下,驱动程序按照其提供的硬件支持可以分为:声卡驱动程序、显卡驱动程序、显示器驱动程序、主板驱动程序、网络设备驱动程序、打印机驱动程序、扫描仪驱动程序等。为什么没有 CPU、内存驱动程序呢?因为 CPU 和内存无需驱动程序便可使用,不仅如此,绝大多数键盘、鼠标、硬盘、软驱、显示器和主板上的标准设备都可以用 Windows 自带的标准驱动程序来驱动，当然其他特定功能除外。如果需要在 Windows 系统中的 DOS 模式下使用光驱，那么还需要在 DOS 模式下安装光驱驱动程序。多数显卡、声卡、网卡等内置扩展卡和打印机、扫描仪、外置 Modem 等外设都需要安装与设备型号相符的驱动程序，否则无法发挥其部分或全部功能。

驱动程序一般可通过三种途径得到，一是购买的硬件附带有驱动程序；二是 Windows 系统自带有大量驱动程序；三是从 Internet 下载驱动程序。最后一种途径往往能够得到最新的驱动程序。

2.2.14 安装驱动程序之前需要做哪些准备工作?

给硬件设备安装驱动程序对 Windows 用户来说并不是一件陌生事，在安装或重装 Windows 时需要安装驱动程序，在购买了某些新硬件之后也需要安装驱动程序。如果驱动程序安装不正确，系统中某些硬件就可能无法正常使用。虽然 Windows 支持即插即用，能够为用户减轻不少工作，但由于 PC 机的设备有非常多的品牌和型号，加上各种新产品不断问世，Windows 不可能自动识别出所有设备，因此在安装很多设备时都需要人工干预。为了提高安装工作的效率和成功率，在安装前需要做好一些准备工作。

(1)拿到一种新硬件时，首先应查看包装盒，了解产品型号、盒内部件、产品对系统的最低要求等信息。需要注意的是，一些兼容板卡生产商为了节省成本，往往用同一种包装盒来包装不同种类的产品，这种包装盒上通常只贴有标识盒内设备型号的小标签。

(2)打开包装盒后，取出硬件产品、说明书和驱动盘(可能是软盘或光盘)，仔细阅读说明书或驱动盘上的 Readme 文件，因为说明书上一般写有安装硬件和驱动程序的方法和步骤，以及安装注意事项。除了阅读说明书外，还应记录硬件产品上印刷的各种信息以及板卡产品使用的主要芯片的型号。在包装盒、说明书和驱动盘均已丢失的情况下，这些信息就是确定产品型号及生产厂商的重要依据，只有知道产品型号后，才能在 Internet 上查找合适的驱动程序。

2.2.15 驱动程序的安装顺序是什么?

(1)启动计算机，进入 BIOS 进行初始设置。

(2)进入操作系统后，将主板所附带的驱动程序 CD 放入光驱中，系统自动弹出驱动程序安装窗口，请按顺序安装主板的驱动程序。

(3)安装最新的 DirectX。

(4)安装最新的显卡驱动程序。

(5)安装声卡的驱动程序。

(6)如果主板带有 RAID 芯片，则安装 RAID 芯片的驱动程序。

(7)安装其他设备的驱动程序(网卡，MODEM，如果声卡和 MODEM 有冲突的话，应该把声卡的驱动删除后再安装 MODEM 的驱动程序)。

2.2.16 硬件驱动程序如何安装?

(1)确定要安装硬件的型号。

(2)从硬件附带的驱动光盘或软盘找到对应型号的驱动程序目录，运行“SETUP. EXE”文件。

(3)如果没有“SETUP. EXE”文件，可以从“设备管理器”中选择对应硬件，然后再弹出的窗口中选择“更新驱动程序”，根据提示，将目标指向驱动光盘或软盘上驱动程序所在目录。

(4)根据提示重新启动计算机，完成驱动程序的安装。

2.2.17 什么是 GHOST?

Ghost 是硬盘克隆程序，由 Binary Research 公司编写，后来于 1998 年 6 月 24 日被赛门铁克公司收购。GHOST 是 General Hardware Oriented Software Transfer 的缩写，可译为“面向通用型硬件系统传送器”，通常称为“克隆幽灵”。Ghost(幽灵)软件是美国赛门铁克公司推出的一款出色的硬盘备份还原工具，可以实现 FAT16、FAT32、NTFS、OS2 等多种硬盘分区格式的分区及硬盘的备份还原。俗称克隆软件。

(1)特点。既然称之为克隆软件，说明其 Ghost 的备份还原是以硬盘的扇区为单位进行的，也就是说可以将一个硬盘上的物理信息完整复制，而不仅仅是数据的简单复制。Ghost 支持将分区或硬盘直接备份到一个扩展名为. gho 的文件里(赛门铁克把这种文件称为镜像文件)，也支持直接备份到另一个分区或硬盘里。

(2)运行 ghost。新版本的 ghost 包括 DOS 版本和 Windows 版本，DOS 版本只能在 Dos 环境中运行。Windows 版本只能在 Windows 环境中运行。由于 DOS 的高稳定性，且在 DOS 环境中备份 Windows 操作系统，已经脱离了 Windows 环境，建议备份 Windows 操作系统，使用 DOS 版本的 ghost 软件。我们通常把 ghost 文件复制到启动软盘(U 盘)里，也可将其刻录进启动光盘。用启动盘进入 Dos 环境后，在提示符下输入 ghost，回车即可运行 ghost，首先出现的是关于界面，如图 2-59 所示。

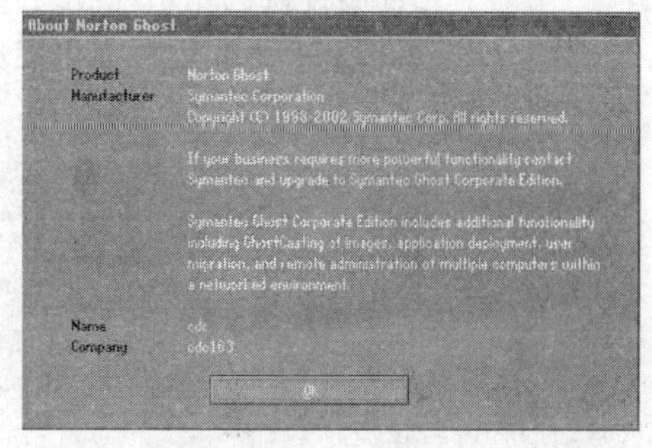

图 2-59 ghost 关于界面

按任意键进入 ghost 操作界面，出现 ghost 菜单，主菜单共有 4 项，从下至上分别为 Quit(退出)、Options(选项)、Peer to Peer(点对对，主要用于网络中)、Local(本地)。一般情况下我们只用到 Local 菜单项，其下有三个子项：Disk(硬盘备份与还原)、Partition(磁盘分区备份与还原)、Check(硬盘检测)，前两项功能是我们用得最多的，下面的操作讲解就是围绕这两项展开的。

(3)由于 Ghost 在备份还原是按扇区来进行复制，所以在操作时一定要小心，不要把目标盘(分区)弄错了，否则会抹掉目标盘(分区)的全部数据。

2.2.18 如何使用 Ghost 备份和恢复操作系统?

Windows XP 的稳定性大家一定都深有感触吧，时不时的非法操作、蓝屏、死机、运行缓慢等诸如此类的问题，使得我们不得不重新安装操作系统。Windows XP 的安装过程又是异常痛苦的，需要 30 ~60 分钟，再加上驱动程序，Office 和其他的各种应用软件，需要两小时左右。因此。一套操作简单、功能超强的系统恢复软件就显得格外重要了。

Ghost 就是一种能如你所愿的功能强大，体积小巧，快速准确的操作系统备份、恢复工具。

(1)分区备份。

①Partition 菜单简介

其下有三个子菜单：

To Partion：将一个分区(称源分区)直接复制到另一个分区(目标分区)，注意操作时，目标分区空间不能小于源分区；

To Image：将一个分区备份为一个镜像文件，注意存放镜像文件的分区不能比源分区小，最好是比源分区大；

From Image：从镜像文件中恢复分区（将备份的分区还原）。

②分区镜像文件的制作

a. 运行 ghost 后，用光标方向键将光标从“Local”经“Disk”、“Partition”移动到“To Image”菜单项上，如图 2-60 所示，然后按回车键。

b. 出现选择本地硬盘窗口，如图 2-61 所示，再按回车键。

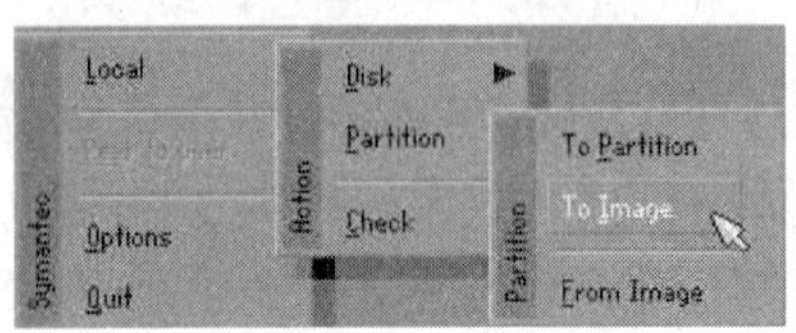

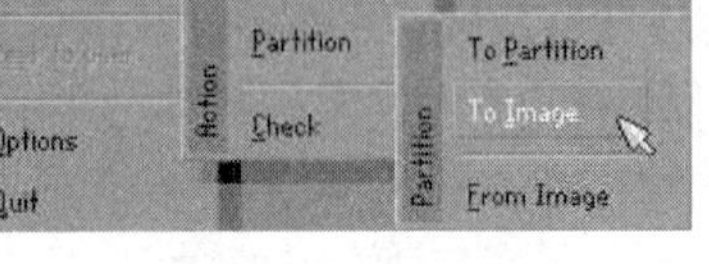

图 2-60　选择“分区”到“镜像”

图 2-61　正确选择源硬盘

c. 出现选择源分区窗口（源分区就是你要把它制作成镜像文件的那个分区），如图 2-62 所示。

用上下光标键将蓝色光条定位到我们要制作镜像文件的分区上，按回车键确认我们要选择的源分区，再按一下 Tab 键将光标定位到 OK 键上（此时 OK 键变为白色），如图 2-63 所示，再按回车键。

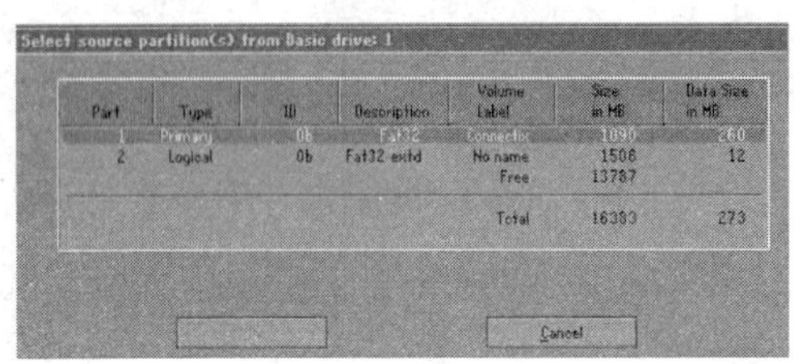

图 2-62　源分区窗口

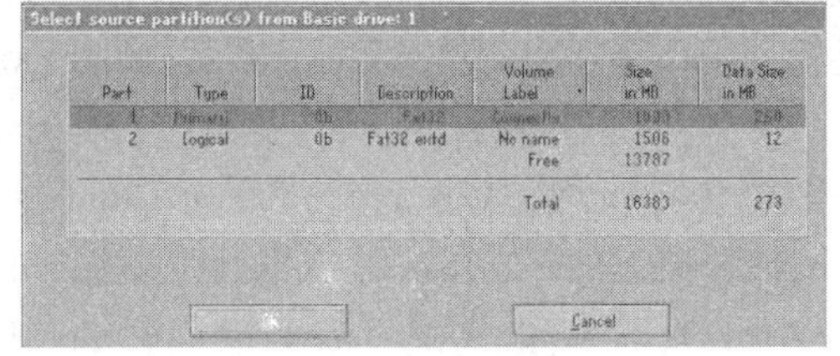

图 2-63　正确选择源分区

d. 进入镜像文件存储目录，默认存储目录是 ghost 文件所在的目录，在 File name 处输入镜像文件的文件名，也可带路径输入文件名（此时要保证输入的路径是存在的，否则会提示非法路径），如输入 D:\sysbak\cwin98，表示将镜像文件 cwin98. gho 保存到 D:\sysbak 目录下，如图 2-64 所示，输好文件名后，再按回车键。

e. 接着出现“是否要压缩镜像文件”窗口，如图 2-65 所示，有“No（不压缩）、Fast（快速压缩）、High（高压缩比压缩）”，压缩比越低，保存速度越快。一般选 Fast 即可，用向右光标方向键移动到 Fast 上，回车确定。

f. 接着又出现一个提示窗口，如图 2-66 所示，用光标方向键移动到“Yes”上，回车确定。

g. Ghost 开始制作镜像文件，如图 2-67 所示：

h. 建立镜像文件成功后，会出现提示创建成功窗口，如图 2-68 所示：

回车即可回到 Ghost 界面；

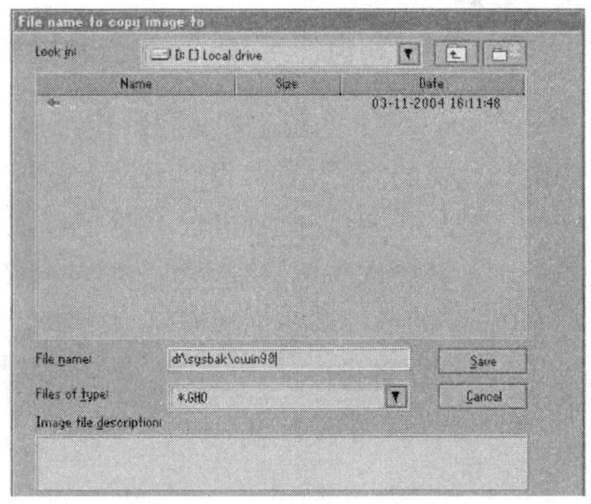

图 2-64　为镜像文件命名

i. 再按 Q 键,回车后即可退出 ghost。

至此,分区镜像文件制作完毕!

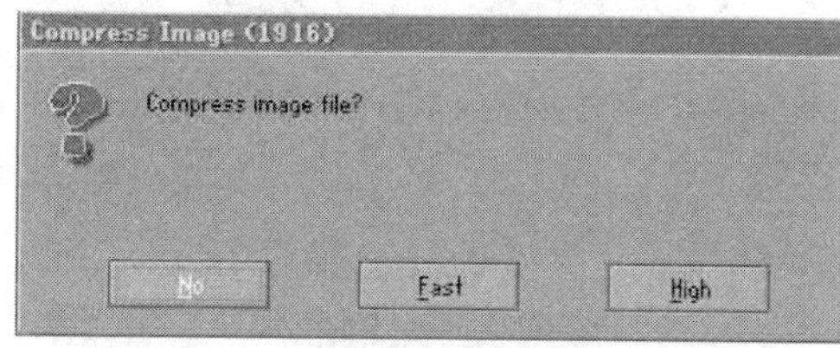

图 2-65　选择快速压缩镜像文件

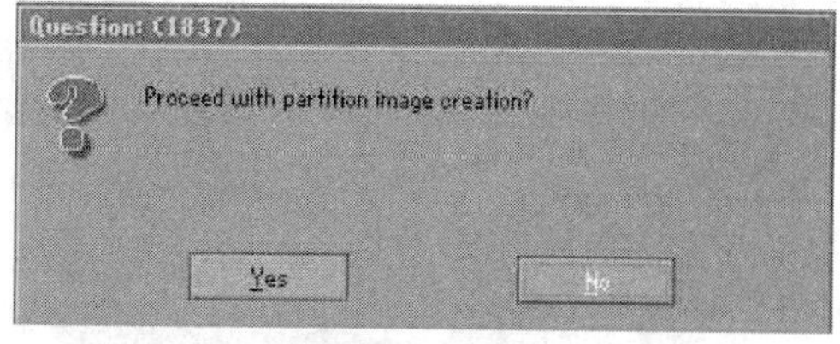

图 2-66　是否开始制作分区镜像

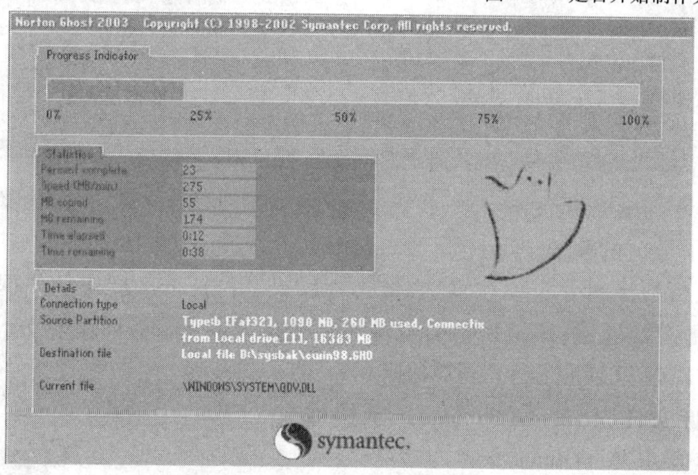

图 2-67　开始制作分区镜像

(2)从镜像文件还原分区。制作好镜像文件,我们就可以在系统崩溃后还原,这样又能恢复到制作镜像文件时的系统状态。下面介绍镜像文件的还原。

①在 DOS 状态下,进入 Ghost 所在目录,输入 Ghost 并回车,即可运行 Ghost。

②出现 Ghost 主菜单后,用光标方向键移动到菜单"Local - Partition - From Image",如图 2-69 所示,然后回车。

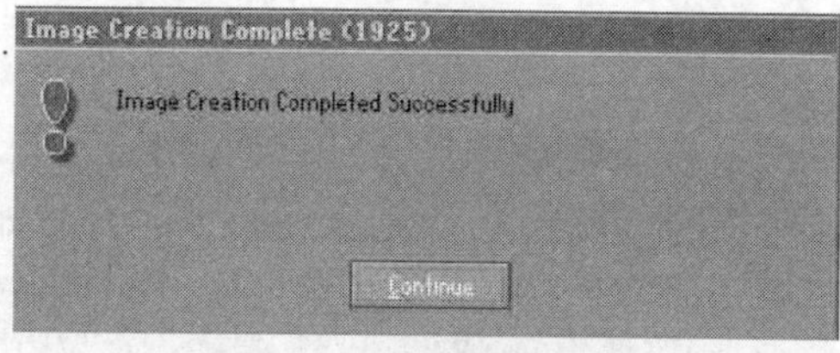

图 2-68　创建成功

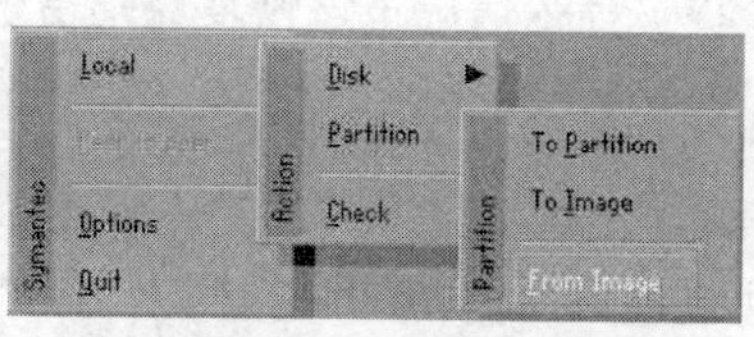

图 2-69　选择"分区"到"镜像"

③出现"镜像文件还原位置窗口",如图 2-70 所示,在 File name 处输入镜像文件的完整路径及文件名(你也可以用光标方向键配合 Tab 键分别选择镜像文件所在路径、输入文件名,但比较麻烦),如 d:\sysbak\cwin98. gho,再回车。

④出现从镜像文件中选择源分区窗口,直接回车。

⑤又出现选择本地硬盘窗口,如图 2-71 所示,再回车。

⑥出现选择从硬盘选择目标分区窗口,我们用光标键选择目标分区(即要还原到哪个分区),回车。

⑦出现提问窗口,如图 2-72 所示,选 Yes 回车确定,ghost 开始还原分区信息。

⑧很快就还原完毕,出现还原完毕窗口,如图 2-73 所示,选 Reset Computer 回车重启计算机。

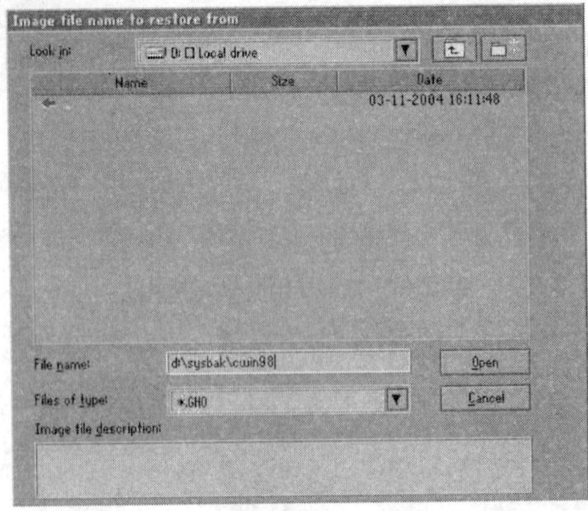

图 2-70 选择源镜像文件

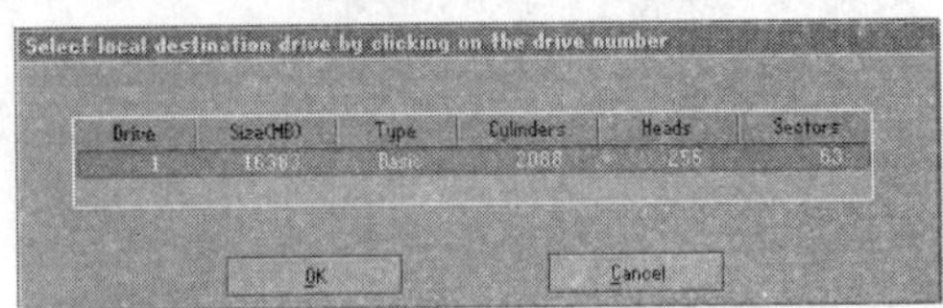

图 2-71 选择目标硬盘

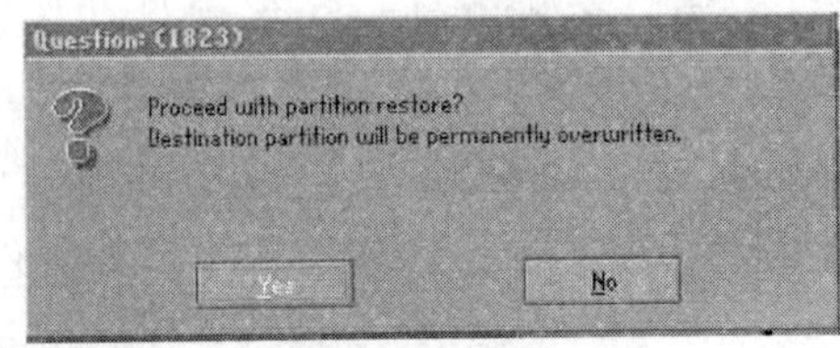

图 2-72 选择开始还原

现在就完成了分区的恢复。

注意:选择目标分区时一定要注意选对,否则后果是目标分区原来的数据将全部消失。

(3)硬盘的备份及还原。Ghost 的 Disk 菜单下的子菜单项可以实现硬盘到硬盘的直接对拷(Disk-To Disk)、硬盘到镜像文件(Disk - To Image)、从镜像文件还原硬盘内容(Disk-From Image)。

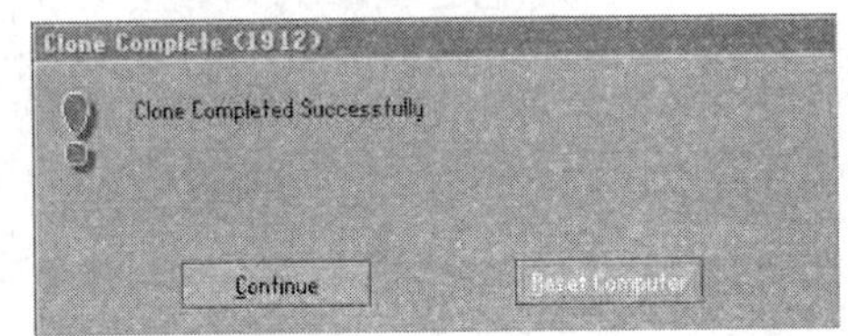

图 2-73 选择重启计算机

在多台计算机的配置完全相同的情况下,我们可以先在一台计算机上安装好操作系统及软件,然后用 ghost 的硬盘对拷功能将系统完整地"复制"一份到其他计算机,这样装操作系统可比传统方法要快多了。

Ghost 的 Disk 菜单各项使用与 Partition 大同小异,而且使用也不是很多,在此就不赘述了。

2.2.19 什么情况下该恢复克隆备份?

当感觉系统运行缓慢时(此时多半是由于经常安装卸载软件,残留或误删了一些文件,导致系统紊乱)、系统崩溃时、中了比较难杀除的病毒时,就要进行克隆还原了。有时如果长时间没整理磁盘碎片,又不想花上半个小时甚至更长时间整理时,可以直接恢复克隆备份,这样比单纯整理磁盘碎片效果要好得多。

【学习工作单】

<table>
<tr><td rowspan="2">学习情境二:组装和调试计算机</td><td>姓名:</td><td rowspan="2">成绩:</td></tr>
<tr><td>班级:</td></tr>
</table>

1. 写出信号线连接的步骤与注意事项。

2. 描述计算机正常启动的过程

3. 如何进入 BIOS 主页面?

4. 认识 AwardBios 的设置主界面(见图 2-74),了解各个模块的功能。

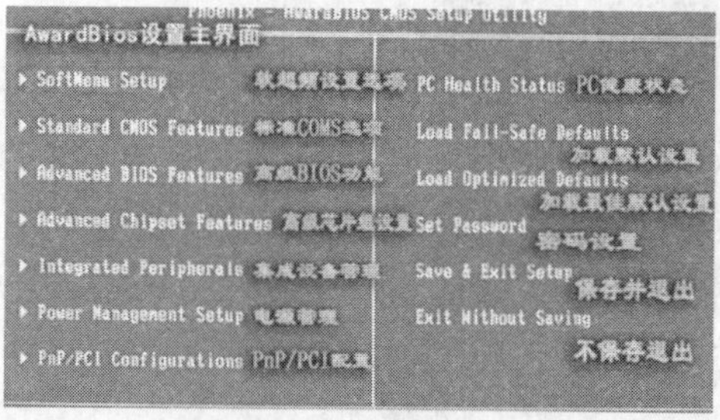

图 2-74　AwardBios 主界面

5. 在标准 CMOS 选项中(见图 2-75)如何更改系统时间?

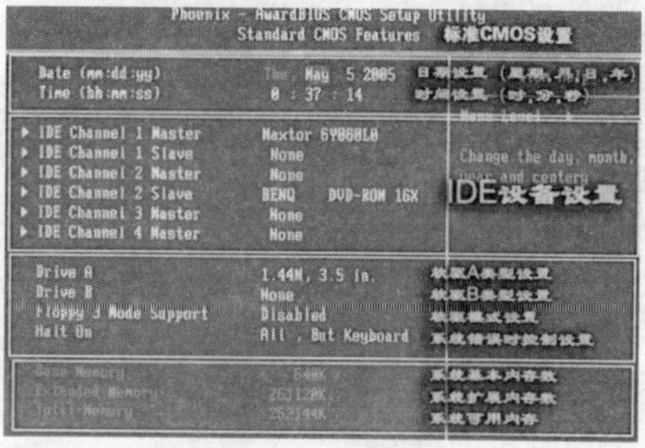

图 2-75　CMOS 选项

6. 在软超频设置选项中(见图 2-76)如何对 CPU 进行超频,写出超频方案。

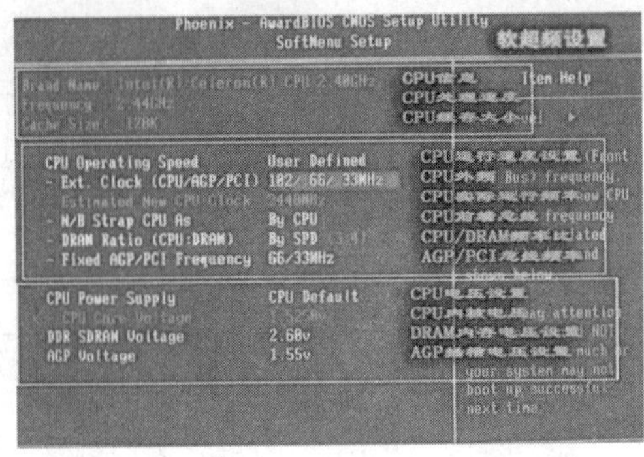

图 2-76　软超频设置选项

7. 用光盘来安装操作系统,图 2-77 该如何设置?

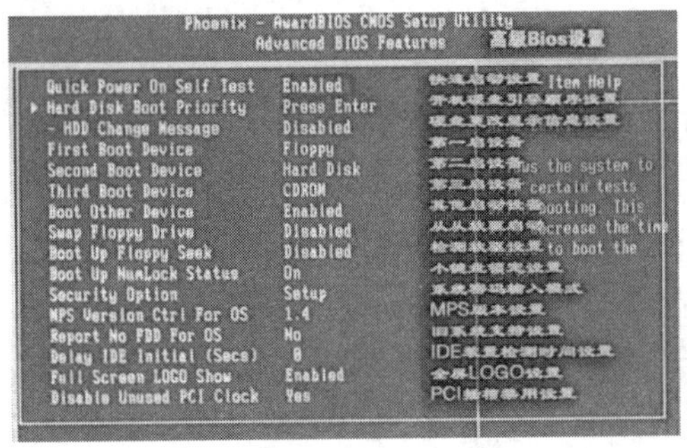

图 2-77　光盘安装系统设置选项

8. CMOS 设置中, Quick Power On Self Test 项设置对计算机有何影响。

9. 启动计算机时,默认的 CMOS 设置要搜索软驱,影响了启动速度,而这一功能并不影响正常使用计算机,有时甚至有可能因为启动软盘带有病毒,引导系统后病毒破坏系统,所以可以禁止启动时搜索软盘,以提高启动速度。那么,该如何禁止此项设置呢?

____

____

____

10. 根据所学的专业知识,列出一份 CMOS 优化设置清单。

____

____

____

11. CMOS 设置常见故障分析:在尝试超频过程中,由于超频失败致使计算机突然黑屏,而后无法开机,该如何解决?

____

____

____

12. 在开机自检过程中,屏幕提示 Secondary Slave hard fail(检测从盘失败),请分析原因并列出解决办法。

____

____

____

13. 硬盘的分区模式可以分为__________和__________两类。

14. 硬盘分区策略及原则是什么?

____

____

____

15. 常用的硬盘分区工具有哪些?

____

____

16. 通常我们在 Windows98 下使用的是 FAT 或__________分区格式,在 Windows NT 下使用的是__________分区格式,在 Linux 下使用的是 Linux Swap 和 Linux Ext2 分区格式,OS/2 下使用的是 HPFS 分区格式。

17. 一般说来,硬盘分区遵循主分区、__________、__________的次序原则,如果要建立一个主分区,在分区 FDISK Options 主界面中应该选择__________,然后在创建分区菜单中选择__________。

18. 为什么要设置活动分区,怎样设置活动分区?

____

____

____

19. 为什么要对硬盘进行格式化？如何格式化？

____

____

____

____

20. 写出安装 Windows XP 的计算机配置的最低系统要求，

(1) CPU：______________________________。

(2) 内存：______________________________。

(3) 硬盘：______________________________。

(4) 显示器：______________________________。

(5) 光驱：______________________________。

(6) 显卡：______________________________。

(7) 声卡：______________________________。

(8) 网卡：______________________________。

21. 不同的操作系统使用的分区格式可能不完全一样，通常我们在 Windows XP 下使用的分区格式是__________，在 Windows NT 下使用的是__________。

22. 两个操作系统的安装有无先后顺序？有何不同？

____

____

____

____

23. 驱动程序的作用是什么？

____

____

____

____

24. 调整显示设备属性：安装好显卡和显示器的驱动程序以后，必须对__________进行调整才可以充分发挥显卡和显示器的性能，在设置刷新频率时是否出现黑屏的现象？为什么？如何解决？

____

____

____

____

25. 目前最著名的硬盘复制备份工具是__________，因为它可以将一个硬盘中的数据完全相同地复制到另一个硬盘中，因此大家就将 Ghost 这个软件成为硬盘__________工具。

实际上，Ghost 不但具有上述的功能，还附带有____等功能。

【校 外 实 训】

【职业岗位目标】

微型计算机安装调试员

【情境描述】

地点:校外实训基地(计算机公司门市),某用户已确定购买某兼容机型,作为微型计算机安装调试工的身份,到仓库领取配件,给予现场组装,测试后,安装操作系统,并根据用户的需要安装其他系统软件,并为用户做好新系统的备份,最终将一台各方面运行良好的机器交付用户。

【子任务一】:组装计算机硬件

1. 方案设计

建立工作小组内部的合作分工,制定计算机组装前期准备工作计划,确定组装流程,直观计算机主要部件的实物,对照主板说明手册和在网络上查找相关信息,了解各品牌配件安装的特点和其他配件的兼容情况,通过观摩指导老师的操作来学习计算机的组装。

2. 实施准备

准备好安装场地。(工作台、螺丝刀等)

确定好:CPU 插槽的种类;CPU 的种类;CPU 品牌和参数;内存插槽的种类;内存条的种类及参数;主板的结构; DOS 操作系统启动盘。

3. 项目实施

完成以下操作:

(1)在主板上安装 CPU。

(2)安装 CPU 散热风扇。

(3)在主板上安装内存条。

(4)装硬盘、光驱。

(5)固定主板到机箱的底板上。

(6)连接主板电源。

(7)连接硬盘、光驱、软驱的信号线和电源线。

(8)主板总线扩展槽插入显卡、声卡、网卡。

(9)重新检查连接,加电测试-给机器加电,若显示器能正常显示,表明计算机各部件安装正确。

(10)进入 BIOS 系统初始设置。

【子任务二】:设置 CMOS

1. 方案设计

通过观摩指导老师的讲解和操作来进一步熟悉 CMOS 的主要模块功能和设置方法。

2. 实施准备

"裸机"、计算机组装与维修实训手册等。

3. 项目实施

完成以下操作:

(1)基本 CMOS 设置。

①进入标准 CMOS 设置项设置系统的日期和时间。

②根据配置的内存类型,在 BIOS 设置其参数值。

③试着分别把软驱、光驱、硬盘分区 C 等设置成第一引导设备,然后再恢复原状。

(2)硬盘参数设置:选择 Auto 让系统自动设置硬盘参数,然后把硬盘设置为 LBA 模式。

(3)将计算机启动顺序设置为 CD - ROM、硬盘。

(4)设置开机密码:超级用户密码和普通用户密码。

(5)CPU 设置。

①进行 CPU 超频设置。

②设置主板上 CPU 温度的报警值和系统自动关机的最高温度。

(6)在全部设置之后保存设置结果。

【子任务三】:分区及格式化硬盘

1. 方案设计

通过观摩指导老师的讲解和操作来进一步熟悉 Fdisk 的主要模块功能和设置方法。

2. 实施准备

计算机一台,带有 FDISK 工具的启动光盘一张。

3. 项目实施

完成以下操作:

(1)开机进入 BIOS 设置程序,将开机顺序设置为:光驱→硬盘。退出 BIOS 设置程序。

(2)用启动光盘启动计算机,输入 FDISK 命令,了解其功能。

(3)观察硬盘的现有分区。

(4)删除现有硬盘分区。

(5)建立分区。

(6)重新启动计算机,使分区生效。

(7)格式化硬盘。

(8)以硬盘启动系统。

【子任务四】:安装双系统及驱动程序

1. 方案设计

通过观摩指导老师的讲解和操作来学习双系统的安装。驱动程序的安装和 Ghost 的使用。

2. 实施准备

每小组一台可正常启动的计算机(带光驱)、Windows XP 系统安装光盘、Windows NT 2003 系统安装光盘,网卡驱动程序,并接通互联网。

3. 项目实施

完成以下操作:

(1)检查硬盘及分区情况。

(2)规划硬盘。

(3)备份资料。

(4)安装 Windows NT 2003 操作系统。

(5)安装 Windows XP 操作系统。

(6)启动 Windows XP 操作系统,安装网卡驱动程序,打开互联网浏览器。

(7)找到一个搜索引擎,并利用它查找一个工具软件网站,如华军软件园。

(8)根据本计算机所安装的声卡、显卡、显示器、主板、打印机、扫描仪等设备型号的信息搜索并下载与之相对应的驱动程序。

(9)按顺序安装主板芯片组驱动程序程序、声卡驱动程序、显卡驱动程序;设定显示的显示模式为 1024×768/32bits,刷新频率为 75Hz。

(10)检查驱动程序是否正常工作。

(11)安装 Ghost 程序,制作 Ghost 启动光盘,并制作镜像文件,备份和恢复系统。

【实训报告】

实训二 实 训 报 告

班级：________________________

学号：________________________ 姓名：________________________

实验记录：

1. 仔细观察所组装的计算机部件，并尽可能详细地填写下表。

序号	配件名称	规格、型号、品牌	技术指标
1	主机箱		
2	硬盘		
3	光驱		
4	软驱		
5	显卡		
6	声卡		
7	网卡		
8	CPU		
9	内存条		
10	主板		
11	电源		

2. 请对你所组装的主机作综合性能评价。

____

____

____

3. 观察实验机，查阅主板说明书，确定 BIOS 种类。

____

____

____

4. 请你说明计算机硬盘分区的规划。

____

____

____

5. 请记录你对硬盘进行分区操作后各分区的名称及容量。

6. 请说明你安装双系统的先后顺序，记录各系统安装的分区名称。

7. 打开设备管理器，检查所有的硬件设备的状态查看所安装的驱动程序是否工作正常？请记录出现异常情况的设备及排除方案。

8. 确认系统正常工作，驱动程序正常使用后，制作 Ghost 镜像文件。请记录所安装的 Ghost 制作工具名称及版本，并记录 Ghost 镜像文件的操作过程及存放的位置。

【学生自评表】

<table>
<tr><td>姓名</td><td></td><td>班级</td><td></td><td>学号</td><td></td></tr>
<tr><td>时间</td><td colspan="3"></td><td>地点</td><td></td></tr>
<tr><td>序号</td><td colspan="3">自 评 内 容</td><td>分数</td><td>得分</td></tr>
<tr><td>1</td><td colspan="3">在项目工作过程中表现出的积极性、主动性和发挥的作用</td><td>10</td><td></td></tr>
<tr><td>2</td><td colspan="3">是否检查配件完好</td><td>5</td><td></td></tr>
<tr><td>3</td><td colspan="3">计算机各部件基本资料型号获得情况</td><td>10</td><td></td></tr>
<tr><td>4</td><td colspan="3">CMOS 设置中文对照资料获得情况</td><td>10</td><td></td></tr>
<tr><td>5</td><td colspan="3">计算机组装基本步骤的执行情况</td><td>40</td><td></td></tr>
<tr><td>6</td><td colspan="3">CMOS 设置情况</td><td>10</td><td></td></tr>
<tr><td>7</td><td colspan="3">操作系统安装与调试情况</td><td>10</td><td></td></tr>
<tr><td>8</td><td colspan="3">安全操作</td><td>5</td><td></td></tr>
<tr><td>9</td><td colspan="3"></td><td></td><td></td></tr>
<tr><td>10</td><td colspan="3"></td><td></td><td></td></tr>
<tr><td colspan="4">总分</td><td>100</td><td></td></tr>
<tr><td colspan="4" rowspan="3">工作时间：</td><td colspan="2">提前完成</td></tr>
<tr><td colspan="2">准时完成</td></tr>
<tr><td colspan="2">没按时完成</td></tr>
<tr><td colspan="2">认为完成好的地方</td><td colspan="4"></td></tr>
<tr><td colspan="2">认为完成不满意的地方</td><td colspan="4"></td></tr>
<tr><td colspan="2">认为整个工作过程需要完善的地方</td><td colspan="4"></td></tr>
<tr><td colspan="4" rowspan="4">自我评价：</td><td colspan="2">非常满意</td></tr>
<tr><td colspan="2">满意</td></tr>
<tr><td colspan="2">不太满意</td></tr>
<tr><td colspan="2">不满意</td></tr>
<tr><td colspan="6">技术文件的整理与记录：</td></tr>
</table>

学习情境三　组建计算机网络

【知 识 储 备】

【知识技能目标】

1. 掌握计算机网络的组成和分类。
2. 懂得计算机网络的功能。
3. 学会水晶头的制作。
4. 利用网络拓扑结构来搭建局域网。
5. 学会把局域网与 Internet 的连接。
6. 学会对常见网络故障的诊断和排查。

【预备知识】

3.1　网络基础篇

3.1.1　什么是计算机网络?

计算机网络是地理上分散的多台独立自主的计算机遵循约定的通信协议,通过软、硬件互联以实现交互通信、资源共享、信息交换、协同工作以及在线处理等功能的系统。

3.1.2　计算机网络的基本组成是什么?

构建计算机网络的主要目标是共享网络上不同计算机系统的各种资源。为实现这一目标,必须有硬件上的保证和软件上的支持。硬件可以分为两部分:负责数据处理的计算机和终端及负责数据通信的通信控制处理机、通信线路。从逻辑功能上看这两部分又可以分为两个子网:资源子网和通信子网。其结构如图 3-1 所示。

资源子网是信息资源的提供者,网上各站点具有访问网络信息资源和处理数据的能力。资源子网由主计算机系统、终端、终端控制器、联网外设和数据资源等共同组成,负责全网的面向用户的数据处理业务,以实现最大限度的全网资源共享。通信子网由网络通信处理机(集线器、交换机、路由器等连接设备)、通信线路(双绞线、同轴电缆、光缆、无限通信信道等)与其他通信设备组成,负责全网数据传输、转发等通信处理工作。

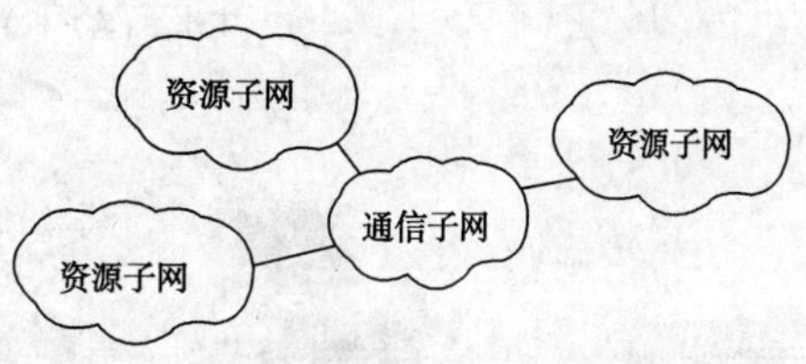

图 3-1　计算机网络的组成示意图

网络软件主要有网络操作系统、通信控制软件和管理软件、客户端软件以及其他的一些软件。

3.1.3 计算机网络具有哪些功能?

(1)资源共享。充分利用计算机资源是组建计算机网络的重要目的之一。资源共享除共享硬件资源外,还包括共享数据和软件资源。

(2)数据通信能力。利用计算机网络可实现各计算机之间快速可靠地互相传送数据,进行信息处理,如传真、电子邮件(E-mail)、电子数据交换(EDI)、电子公告牌(BBS)、远程登录(Telnet)与信息浏览等通信服务。数据通信能力是计算机网络最基本的功能。

(3)均衡负载互相协作。通过网络可以缓解用户资源缺乏的矛盾,使各种资源得到合理的调整。

(4)分布处理。一方面,对于一些大型任务,可以通过网络分散到多个计算机上进行分布式处理,也可能使各地的计算机通过网络资源共同协作,进行联合开发、研究等;另一方面,计算机网络促进了分布式数据处理和分布式数据库的发展。

(5)提高计算机的可靠性。计算机网络系统能实现对差错信息的重发,网络中各计算机还可以通过网络成为彼此的后备机,从而增强了系统的可靠性。

3.1.4 计算机网络如何分类?

计算机网络的类型有很多,而且有不同的分类依据,可以按网络的地理位置分类、按网络的拓扑结构分类、按传输介质分类、按通信方式分类、按网络使用的目的分类、按服务方式分类和按其他的方式分类。

可见,由于连接介质的不同,通信协议的不同,计算机网络的种类名目也繁多。但一般来讲,人们用得最多的是按网络的地理位置分类。可以划分成为局域网、城域网和广域网。

局域网(Loxal Area Network,LAN)是指范围在几百米到十几公里内办公楼群或校园内的计算机相互连接所构成的计算机网络。计算机局域网被广泛应用于连接校园、工厂以及机关的个人计算机或工作站,以利于个人计算机或工作站之间共享资源(如打印机)和数据通信。它的特点是:距离短、延迟小、数据速率高、传输可靠。图3-2为包含文件服务器的局域网。

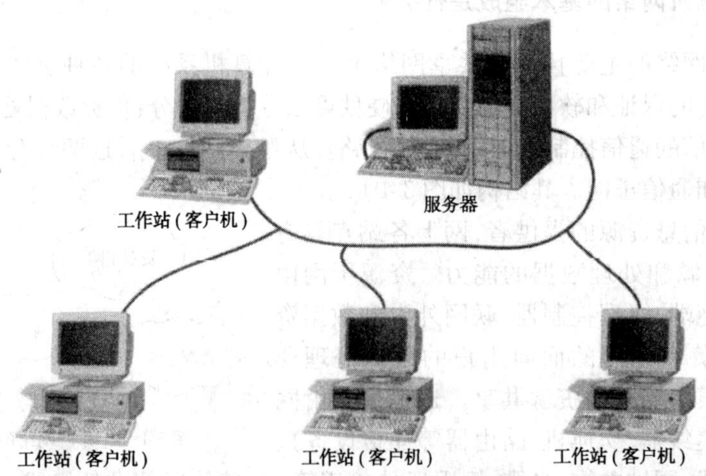

图3-2 包含文件服务器的局域网

城域网(Metropolitan Area Network,MAN)是介于广域网与局域网之间的一种网络,所采用的技术基本上与局域网相类似,只是规模上要大一些。城域网既可以覆盖相距不远的几栋办公楼,也可以覆盖一个城市;既可以是私人网,也可以是公用网。城域网设计的目标是在一个特定的范围内将局域网段,如校园、厂、机关等连接起来,以实现大量用户之间的数据、语音、图形与视频等多种信息的传输功能。

广域网(Wido Area Network,WAN)通常跨接很大的物理范围,网络跨越国界、洲界,甚至全球范围,其目的是为了让分布较远的各局域网互联。它的特点是:传输速率比较低、网络结构复杂、传输线路种类比较少。

局域网是组成其他两种类型网络的基础,城域网一般都加入了广域网。广域网的典型代表是 Internet 网。

3.1.5 什么是计算机网络拓扑结构?

计算机科学家通过采用从图论演变而来的“拓扑”(topology)的方法,抛开网络中的具体设备,把工作站、服务器等网络单元抽象为“点”,把网络中的电缆等通信介质抽象为“线”,这样从拓扑学的观点看计算机和网络系统,就形成了点和线组成的几何图形,从而抽象出了网络系统的具体结构。这种采用拓扑学方法抽象出的网络结构称为计算机网络的拓扑结构。

网络拓扑结构是指网络中的线路和节点的几何或逻辑排列关系,它反映了网络的整体结构及各模块间的关系。网络拓扑可以进一步分为物理拓扑和逻辑拓扑两种:物理拓扑是指介质的连接形状;逻辑拓扑是指信号传递路径的形状。

3.1.6 什么是常见的局域网网络拓扑结构?

(1)总线拓扑结构。总线拓扑结构采用一条公共总线作为传输介质,各个节点都接在总线上,如图 3-3 所示。总线的长度可以使用中继器来延长。优点:总线网的通信电缆投资少,整个网络结构简单、灵活,易于扩充。它是一种具有弹性的体系结构。缺点:故障率较高,总线在任何一点断了,都会影响整个网络的工作,造成网络瘫痪;网络一旦出了故障,诊断故障困难。

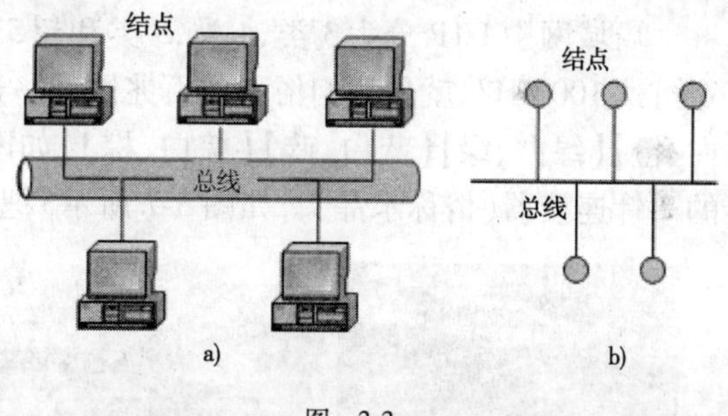

图 3-3
a)总线局域网的计算机连接;b)拓扑结构

(2)星型拓扑结构。星型拓扑也称集中型结构,它由一个中心节点和分别与它单独连接的其他节点组成,如图 3-4 所示。现在常用集线器(Hub)作为中心节点。优点:结构简单,节点的增加或减少实现容易。由于所有的通信都要通过中央节点,故中央节点的处理能力往往成为影响网络性能的主要因素。缺点:电缆总的长度较长,增加了投资成本;也正是由于对中心节点的依赖性很强,故中心节点一旦有故障,则整个网络就会停止工作。

(3)环型拓扑结构。环型拓扑结构又称分散型结构,它的每个节点仅有两个邻接节点,这种网络结构中的数据总是按一个方向逐节点沿环传递,即一节点接受上一节点传来的数据,由它再发送给下一节点,如图 3-5 所示。其优点是:适于光纤连接。环形是点到点连接,且沿一个方向单向传输,非常适用于光纤作为传输介质;传输距离远,适于作主干网;初始安装容易,线缆用量少。其缺点是:可靠性差。由于本身结构的特点,当一个节点出故障时,整个网络就不能工作;可扩充性差。当环网需要调整结构时,如增、删、改某一个站点,一般需要将全网停下来进行重新配置,且节点增加时,使网络响应时间变长,加大时延。

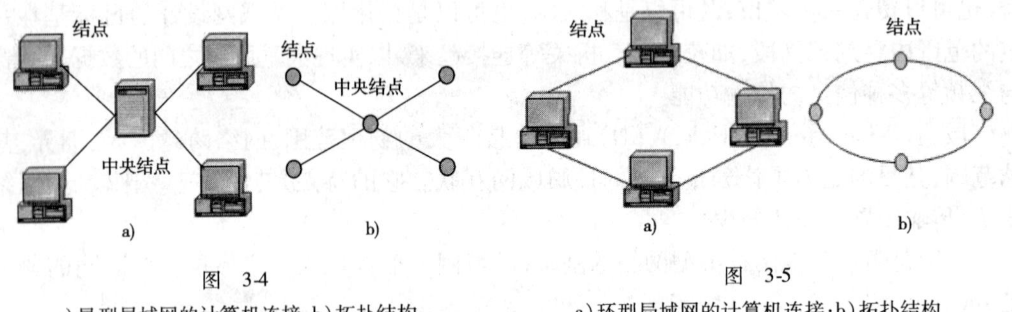

图 3-4
a)星型局域网的计算机连接;b)拓扑结构

图 3-5
a)环型局域网的计算机连接;b)拓扑结构

3.1.7 常用的网络传输介质有哪些?

网络传输介质是通信网络中发送方和接收方之间的物理通路。网络上数据的传输需要有"传输介质",这好比是车辆必须在公路上行驶一样,道路质量的好坏会影响到行车的安全和速度。同样,网络传输媒介的质量好坏也会影响数据传输的质量,包括速率、数据等。

常用的网络传输媒介可分为两类:一类是有线的:一类是无线的。有线传输媒介主要有双绞线、同轴电缆和光纤;无线媒介有微波、无线电、激光和红外线等。

(1)双绞线。双绞线是指两条导线按一定扭矩相互绞合在一起的类似于电话线的传输介质,每根线加绝缘层并有颜色来标记,对称均匀的绞扭可以减少线对间的电磁相互干扰。

双绞线分非屏蔽双绞线 UTP(Unshielded TwistedPair)和屏蔽双绞线 STP(Shielded Twisted Pair)两种。非屏蔽双绞线中不存在物理的电器屏蔽,既没有金属箔,也没有金属带绕在 UTP 上。UTP 对线之间的串线干扰和电磁干扰,是通过其自身的电能吸收和辐射抵消完成的。而屏蔽双绞线外部包有铝箔或铜丝网,如图 3-6 所示。

局域网中 UTP 分为 3 类,4 类,5 类和超 5 类四种。一根 5 类双绞线线缆由 8 根线组成,带宽可达 100MHZ,就是我们俗称的百兆网线。这 8 根线分成 4 对互绞在一起,颜色分别为:【橙白、橙】【绿白、绿】【蓝白、蓝】【棕白、棕】,如图 3-6a)所示。双绞线两端通常使用一种 RJ-45 的 7 针连接器(俗称水晶头,如图 3-7 所示)把局域网中的各种设备相互连接起来。

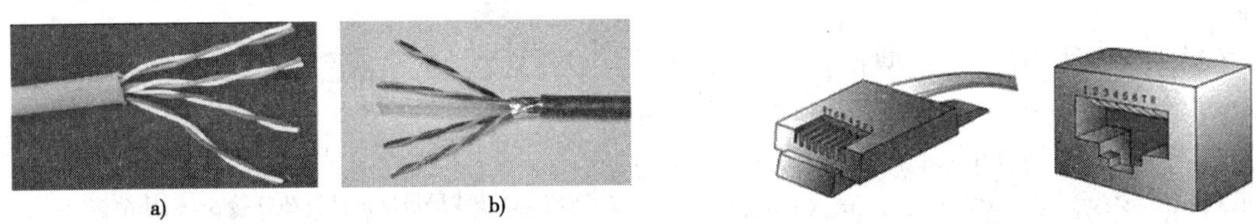

图 3-6
a)非屏蔽双绞线;b)屏蔽双绞线

图 3-7 RJ-45 的插头和插座

在以太局域网络中,用来连接网络设备的双绞线有两种:一种是直通线,用于连接数据终端设备(DTE)与数据通信设备(DCE),如计算机与交换机或交换机与路由器之间的连接线。直通线两端水晶头的导线排列顺序如图 3-8 所示,即两端水晶头的导线排列是一样的。另一类是交叉线,用于连接网络中的相同设备,比如 PC 机之间、交换机之间、路由器之间的连线。交叉线的导线排列顺序如图 3-9 所示,即一端水晶头的第 1 根线的颜色与另一端的第 3 根线一样,第 2 根的与第 6 根的一样,其他的导线的排列顺序与直通线一样。

注意:做双绞线一定要按以上顺序排列制作,才能保证网络畅通速度快。直接一一对应做的双绞线,虽然能用,却由于 1 ~ 3 线和 2 ~ 6 线不是一对线互铰,抗干扰能力差,所以网速慢,距离长了就不稳定。

(2)同轴电缆。同轴电缆由内导体铜制芯线、绝缘层、外导体屏蔽层及塑料保护外套构成。因为它的内部共有两层导体排列在同一轴上，所以被称为“同轴”，如下图 3-10a)所示。同轴电缆具有较高的抗干扰能力，其抗干扰能力优于双绞线。同轴电缆主要有 50Ω 同轴电缆和 75Ω 同轴电缆两种。

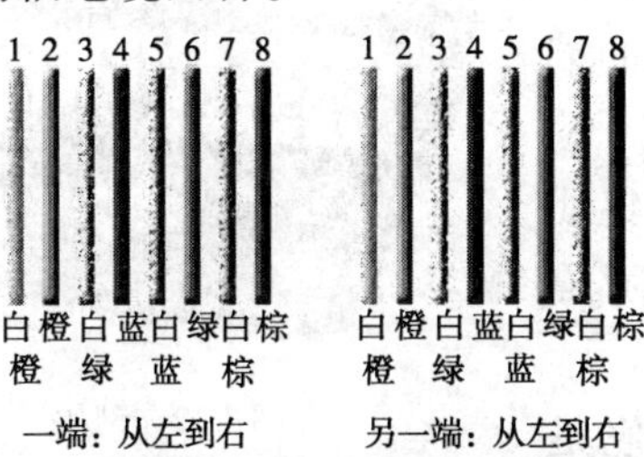

图 3-8　直通线连接示意图

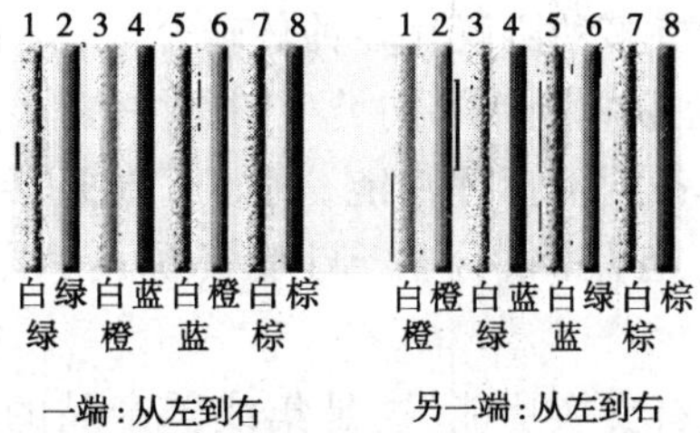

图 3-9　交叉线连接示意图

①50Ω 同轴电缆又称基带同轴电缆(或称细缆)。它主要用于数字传输的系统，广泛用于局域网。在传输中，其最高数据速率可达 10Mbps。

②75Ω 同轴电缆也称宽带同轴电缆。它主要用于模拟传输系统，宽带同轴电缆是公用天线电视系统的标准传输电缆。

(3)光纤。光纤(即光缆)是由能传送光波的超细玻璃纤维制成，外包一层比玻璃折射率低的材料，如图 3-10b)所示。光缆传输是利用激光二极管或发光二极管在通电后产生光脉冲信号，这些光脉冲信号经检测器进入光纤，进入光纤的光波在两种材料的界面上形成全反射，从而不断地向前传播。

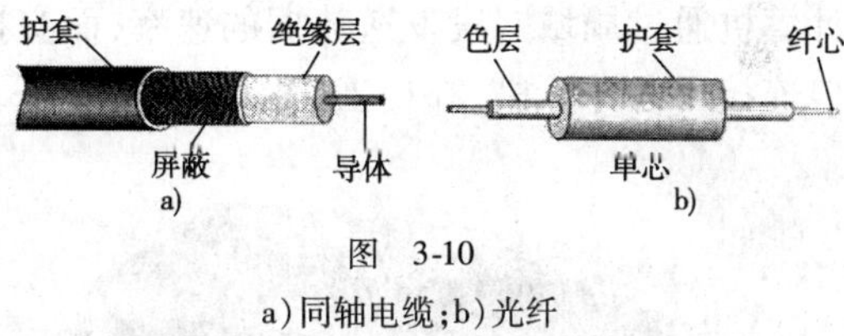

图　3-10

a)同轴电缆；b)光纤

随着光纤技术的发展，成本越来越低，强度日益提高，现已成为长途干线和局域网主干网的主要传输介质，并成为今后连接千家万户通信设备的主要手段。

3.1.8　常用的网间连接设备有哪些？

网间连接设备是网络通信的中介设备。连接设备的作用是把传输介质中的信号从一个链路传送到下一个链路。网络连接设备一般都配置两个以上的连接器插口。

(1)中继器(Repeater)。在网络中，网络连线有一定的长度限制，传输距离太长将导致传输信号衰减太多而造成传输数据出错。为了扩展网络连接的总跨度，可用中继器将两个单段电缆连接起来。中继器(如图 3-11 所示)是一个能持续检测电缆中模拟信号的硬设备，工作于网络的物理层，当它检测到一根电缆中有信号来时，中继器便转发一个放大了的信号到另一根电缆。中继器安装容易、使用方便，并能保持单段电缆中原来的传输速度。缺点是不能互联不同类型的网络。

图 3-11　中继器

(2)网桥(Gate Bridge)。网桥(如图 3-12 所示)是将两个或多个 LAN(可以是不同类型的 LAN)连接起来的中介设备。网桥的功能在延长网络跨度上类似于中继器，然而它能提供智能化连接服务，即根据数据包终点地址处于哪一网段来进行转发和滤除。

（3）集线器（HUB）。早期的集线器仅将分散的用于连接网络设备的线路集中在一起，以便于网络管理与维护。集线器（如图3-13所示），类似于多路中继器，除完成集线功能以外，还具有信号再生功能。随着集线器产品技术的发展，目前推出的高档集线器又称智能集线器，它具有以下主要功能。

①支持多种协议和多种传输介质，具有不同类型的端口，以便互联相同或不同类型的网络。

②具备网络管理功能，例如对服务器、工作站和集线器进行实施监测、分析、调整资源、错误告警与故障隔离等。

图3-12　网桥

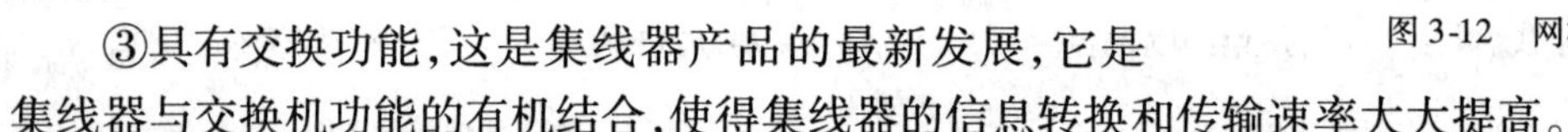

③具有交换功能，这是集线器产品的最新发展，它是集线器与交换机功能的有机结合，使得集线器的信息转换和传输速率大大提高。

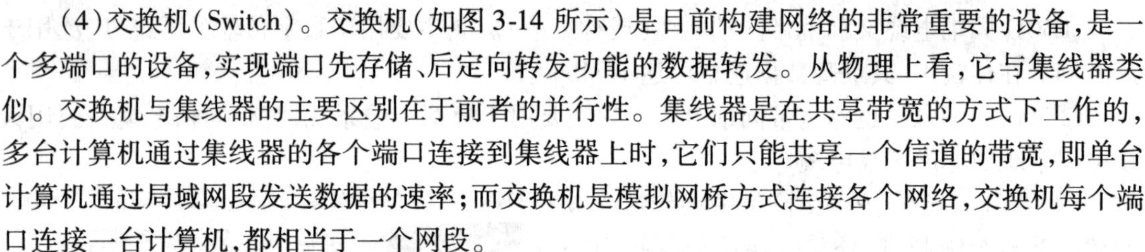

（4）交换机（Switch）。交换机（如图3-14所示）是目前构建网络的非常重要的设备，是一个多端口的设备，实现端口先存储、后定向转发功能的数据转发。从物理上看，它与集线器类似。交换机与集线器的主要区别在于前者的并行性。集线器是在共享带宽的方式下工作的，多台计算机通过集线器的各个端口连接到集线器上时，它们只能共享一个信道的带宽，即单台计算机通过局域网段发送数据的速率；而交换机是模拟网桥方式连接各个网络，交换机每个端口连接一台计算机，都相当于一个网段。

图3-13　集线器

图3-14　交换机

（5）路由器（Router）。如何到达目的地的算法叫做路由。实现数据分组转发并能查找和选用最优路径的网络设备，叫做路由器（如图3-15所示）。路由器是实现不同类型网络，即异构型网络互联的重要设备。路由器最大的特点是具有选择传送信息包的传送路径功能，即路径选择功能。事实上，路由器可以根据其内部的路由表来选择最佳的传送路径，将信息包传送到目的地。

（6）网关（Gateway）。网关（如图3-16所示）又称信关。当异种网（指异种网络操作系统）互联，或者局域网与大型机互联，以及局域网与广域网互联时，需要配置网关。网关设备比路由器复杂. 当异型局域网络连接时，网关除具有路由器的全部功能外，更重要的是进行由于操

图3-15　路由器

图3-16　网关设备

作系统差异而引起的不同通信协议之间的转换。

3.1.9 什么是网络适配器?

网络适配器又称网卡或网络接口卡(NIC),英文名 NetworkInterfaceCard。它是使计算机联网的设备。平常所说的网卡就是将PC机和LAN连接的网络适配器。网卡(NIC)插在计算机主板插槽中,负责将用户要传递的数据转换为网络上其他设备能够识别的格式,通过网络介质传输。它的主要技术参数为带宽、总线方式、电气接口方式等。它的基本功能为:从并行到串行的数据转换,包的装配和拆装,网络存取控制,数据缓存和网络信号。目前主要是8位和16位网卡。

网卡必须具备两大技术:网卡驱动程序和I/O技术。驱动程序使网卡和网络操作系统兼容,实现PC机与网络的通信。I/O技术可以通过数据总线实现PC和网卡之间的通信。网卡是计算机网络中最基本的元素。在计算机局域网络中,如果有一台计算机没有网卡,那么这台计算机将不能和其他计算机通信,也就是说,这台计算机和网络是孤立的。

3.1.10 什么是以太网?

以太网是现有局域网最通用的通信协议标准。该标准定义了在局域网(LAN)中采用的电缆类型和信号处理方法。以太网又可以分成传统以太网、快速以太网、千兆以太网。通常将传输速率为10Mbps的以太网叫做传统以太网;快速以太网的传输速率是传统以太网的10倍,达到了100Mbps;千兆以太网的传输速率为1000Mbps,比快速以人网快10倍。现在10Gbps以太网的标准已经完成。从以太网由10Mbps向10Gbps的演进过程,我们可以看出以太网是一种可扩展、稳健性好、易于安装的局域网。

3.1.11 IP地址含义知多少?

不管是学习网络还是上网,IP地址都是出现频率非常高的词。Windows系统中设置IP地址的界面如图3-17所示,图中出现了IP地址、子网掩码、默认网关和DNS服务器这几个需要设置的地方,只有正确设置,网络才能通,那这些名词都是什么意思呢?学习IP地址的相关知识时还会遇到网络地址、广播地址、子网等概念,这些又是什么意思呢?

要解答这些问题,先看一个日常生活中的例子。如图3-18所示,住在北大街的住户要能互相找到对方,必须各自都要有个门牌号,这个门牌号就是各家的地址,门牌号的表示方法为:北大街+XX号。假如1号住户要找6号住户,过程是这样的,1号在大街上喊了一声:"谁是6号,请回答。",这时北大街的住户都听到了,但只有6号做了回答,这个喊的过程叫"广播",北大街的所有用户就是他的广播范围,假如北大街共有20个用户,那广播地址就是:北大街21号。也就是说,北大街的任何一个用户喊一声能让"广播地址-1"个用户听到。

从这个例子中可以抽出下面几个词:

街道地址:北大街,如果给该大街一个地址则用第一个住户的地址-1,此例为:北大街0号。

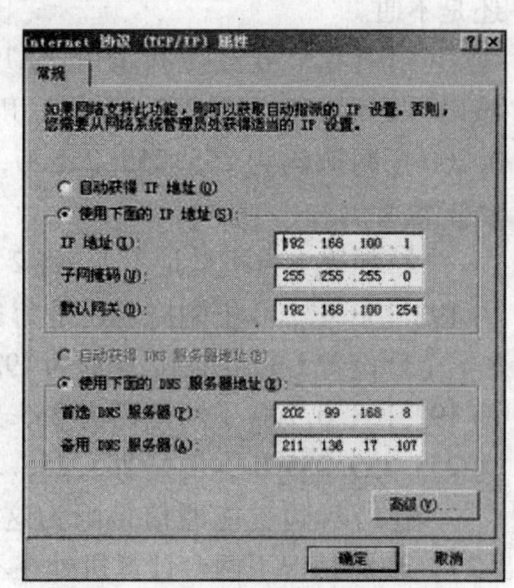

图3-17 IP地址界面

住户的号:如 1 号、2 号等。

住户的地址:街道地址 + XX 号,如北大街 1 号、北大街 2 号等。

广播地址:最后一个住户的地址 + 1,此例为:北大街 21 号。

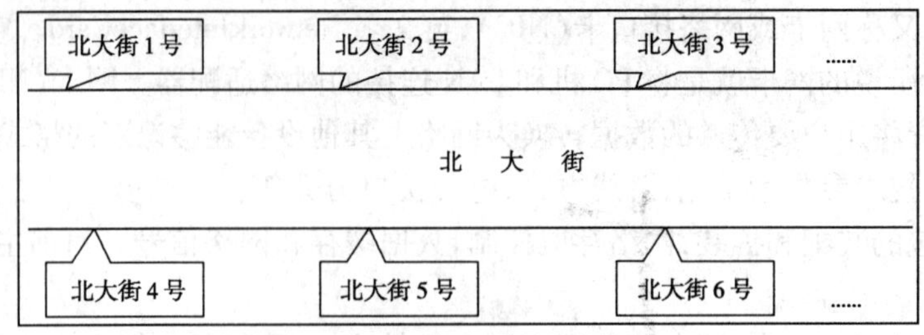

图 3-18 生活中的例子

Internet 网络中,每个上网的计算机都有一个像上述例子的地址,这个地址就是 IP 地址,是分配给网络设备的门牌号,为了网络中的计算机能够互相访问,IP 地址 = 网络地址 + 主机地址,图 1 中的 IP 地址是 192.168.100.1,这个地址中包含了很多含义。如下所示:

网络地址(相当于街道地址):192.168.100.0

主机地址(相当于各户的门号):0.0.0.1

IP 地址(相当于住户地址):网络地址 + 主机地址 = 192.168.100.1

广播地址:192.168.100.255

这些地址是如何计算出来的呢?为什么计算这些地址呢?要想知道如何,先要明白一个道理,学习网络的目的就是如何让网络中的计算机相互通信,也就是说要围绕着"通"这个字来学习和理解网络中的概念,而不是只为背几个名词。

注:192.168.100.1 是私有地址,是不能直接在 Internet 网络中应用的,连接 Internet 要转为公有地址。

3.1.12 为什么要计算网络地址?

简单讲就是让网络中的计算机能够相互通信。先看看最简单的网络,图 3-19 中是用网线(交叉线)直接将两台计算机连起来。下面是几种 IP 地址设置,看看在不同设置下网络是通还是不通。

(1)设置 1 号机的 IP 地址为 192.168.0.1 子网掩码为 255.255.255.0,2 号机的 IP 地址为 192.168.0.200 子网掩码为 255.255.255.0,这两台计算机就能正常通信。

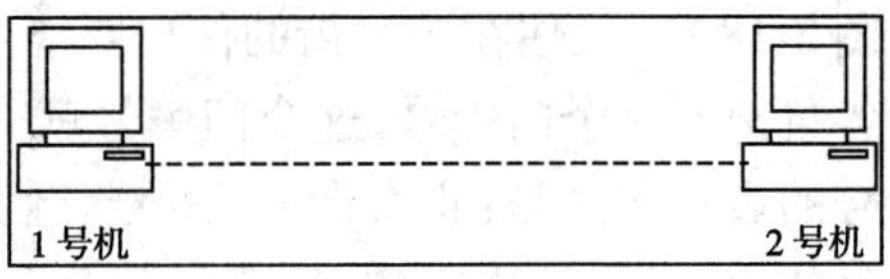

图 3-19 两台计算机通信

(2)如果 1 号机地址不变,将 2 号机的 IP 地址改为 192.168.1.200 子网掩码还是为 255.255.255.0,那这两台就无法正常通信。

(3)设置 1 号机的 IP 地址为 192.168.0.1 子网掩码为 255.255.255.192,2 号机的 IP 地址为 192.168.0.200 子网掩码为 255.255.255.192,注意和第 1 种情况的区别在于子网掩码,1 为 255.255.255.0 本例是 255.255.255.192 这两台计算机也无法正常通信。

第(1)种情况能通信是因为这两台计算机处在同一网络 192.168.0.0,所以能通信,而(2)、(3)种情况下两台计算机处在不同的网络,所以不能通信。

这里先给个结论:用网线直接连接的计算机或是通过 HUB 或普通交换机间接的计算机之

间要能够相互通，计算机必须要在同一网络，也就是说它们的网络地址必须相同，而且主机地址必须不一样。如果不在一个网络就无法通。这就像我们上面举的例子，同是北大街的住户由于街道名称都是北大街，且各自的门牌号不同，所以能够相互找到对方。

计算网络地址就是判断网络中的计算机在不在同一网络，在就能通信，不在就不能通信。注意，这里说的在不在同一网络指的是IP地址而不是物理连接。那么如何计算呢？

3.1.13 如何计算网络地址？

我们日常生活中的地址如：北大街1号，从字面上就能看出街道地址是北大街，而我们从IP地址中却难以看出网络地址，要计算网络地址，必须借助我们上边提到过的子网掩码。

计算过程是这样的，将IP地址和子网掩码都换算成二进制，然后进行与运算，结果就是网络地址。与运算如下所示，上下对齐，1位1位的算，1与1=1，其余组合都为0。

	1	0	1	0
	1	1	0	0
与运算				
结果为	1	0	0	0

例如：计算IP地址为：202.99.160.50 子网掩码是255.255.255.0的网络地址步骤如下：

（1）将IP地址和子网掩码分别换算成二进制。

202.99.160.50 换算成二进制为 11001010・01100011・10100000・00110010

255.255.255.0 换算成二进制为 11111111・11111111・11111111・00000000

（2）将二者进行与运算。

	11001010・01100011・10100000・00110010
	11111111・11111111・11111111・00000000
与运算	
	11001010・01100011・10100000・00000000

（3）将运算结果换算成十进制，这就是网络地址。

11001010・01100011・10100000・00000000 换算成十进制就是 202.99.160.0。

现在我们就可以解答上面三种情况的通与不通的问题了。

①从下面运算结果可以看出二台计算机的网络地址都为192.168.0.0且IP地址不同，所以可以通。

	192・168・0・1	11000000・10101000・00000000・00000001
	255・255・255・0	11111111・11111111・11111111・00000000
与运算		
结果为：	192・168・0・0	11000000・10101000・00000000・00000000
	192・168・0・200	11000000・10101000・00000000・11001000
	255・255・255・0	11111111・11111111・11111111・00000000
与运算		
结果为：	192・168・0・0	11000000・10101000・00000000・00000000

②从下面运算结果可以看出1号机的网络地址为192.168.0.0，2号机的网络地址为192.168.1.0不在一个网络，所以不通。

	192 · 168 · 1 · 200	11000000 · 10101000 · 00000001 · 11001000
	255 · 255 · 255 · 0	11111111 · 11111111 · 11111111 · 00000000
与运算		
结果为:	192 · 168 · 1 · 0	11000000 · 10101000 · 00000001 · 00000000

③从下面运算结果可以看出 1 号机的网络地址为 192.168.0.0,2 号机的网络地址为 192.168.0.192 不在一个网络,所以不通。

	192 · 168 · 0 · 1	11000000 · 10101000 · 00000000 · 00000001
	255 · 255 · 255 · 192	11111111 · 11111111 · 11111111 · 11000000
与运算		
结果为:	192 · 168 · 0 · 0	11000000 · 10101000 · 00000000 · 00000000
	192 · 168 · 0 · 200	11000000 · 10101000 · 00000000 · 11001000
	255 · 255 · 255 · 192	11111111 · 11111111 · 11111111 · 11000000
与运算		
结果为:	192 · 168 · 0 · 192	11000000 · 10101000 · 00000000 · 11000000

3.1.14 IP 地址如何分类的?

(1)A 类地址。

①A 类地址第 1 字节为网络地址,其他 3 个字节为主机地址。

②A 类地址范围:1.0.0.1—126.255.255.254 。

③A 类地址中的私有地址和保留地址。

10.X.X.X 是私有地址(所谓的私有地址就是在互联网上不使用,而被用在局域网络中的地址)。范围:10.0.0.0—10.255.255.255 。

127.X.X.X 是保留地址,用做循环测试用的。

(2)B 类地址。

①B 类地址第 1 字节和第 2 字节为网络地址,其他 2 个字节为主机地址。

②B 类地址范围:128.0.0.1—191.255.255.254 。

③B 类地址的私有地址和保留地址。

172.16.0.0—172.31.255.255 是私有地址。

169.254.X.X 是保留地址。如果你的 IP 地址是自动获取 IP 地址,而你在网络上又没有找到可用的 DHCP 服务器时,就会得到其中一个 IP。

(3)C 类地址。

①C 类地址第 1 字节、第 2 字节和第 3 个字节为网络地址,第 4 个个字节为主机地址。另外第 1 个字节的前三位固定为 110。

②C 类地址范围:192.0.0.1—223.255.255.254。

③C 类地址中的私有地址:

192.168.X.X 是私有地址。范围:192.168.0.0—192.168.255.255。

(4)D 类地址。

①D 类地址不分网络地址和主机地址,它的第 1 个字节的前四位固定为 1110。

②D 类地址范围:224.0.0.1—239.255.255.254 。

(5)E 类地址。

①E 类地址不分网络地址和主机地址,它的第 1 个字节的前五位固定为 11110。

②E 类地址范围:240.0.0.1—255.255.255.254。

3.1.15 如何识别 IP 地址网段?

IP 网段的问题关系到子网掩码。标准子网掩码的 IP 地址网段比较容易识别,只要相同的子网掩码,网络号相同就为同一网段。

例如 192.168.10.5 和 192.168.10.220,如果都是标准 255.255.255.0 的子网掩码,表明两个 IP 地址的网络号都为 192.168.10,两个 IP 处于统一网段。

如果是不标准子网掩码,就需要计算了,还是例如 192.168.10.5 和 192.168.10.220 这两个 IP,如果子网掩码是 255.255.255.240 的话,表明标准子网掩码错了 4 位,网段宽度是 16,也就是说 192.168.10.5 处于 192.168.10.0 这个网段,而 192.168.10.220 处于 192.168.10.192 这个网段。

3.2 组网篇

3.2.1 搭建局域网需要注意什么?

构造不同的网络,选用不同的网络选用的网络配件的速率也是不同的。目前市面上销售的网卡、HUB、网线等都支持 100M。这里的 100M 指的是网络每秒钟可以传输多少位数据。每 8 位数据就是一个字节,可以计算 100M 的以太网的最大传输数据的能力为(100MB/8)=12.5MByte/s。不同速度的网络设备不要混用,这样会影响整个网络的传输速度或使网络瘫痪。如果是组建有线网络,网络的布线是一个重要的环节,布线要合理,尽可能节约线路的成本,并选用适当的网线来连接各种网络设备。

虽然目前的网卡、HUB 和交换机等都能提供 100M 甚至更宽的带宽,但一个局域网如果配置不当,尽管配置的设备都非常高档,但网络速度仍不能如意,或者经常出现死机、打不开一个小文件或根本无法连通服务器,特别是在一些设备档次参差不齐的网络中这些现象更是时有发生。在局域网中恰当地进行配置,才能使网络性能尽可能地进行优化,最大限度地发挥网络设备、系统的性能。

3.2.2 如何搭建局域网?

在搭建一个网络之前,我们需要先了解将要联网的计算机数量和相距最远的两台计算机之间的距离。

下面以集线器(HUB)和双绞线来介绍常见的局域网拓扑结构——星型拓扑结构的连接方法及搭建过程,如图 3-20 所示。

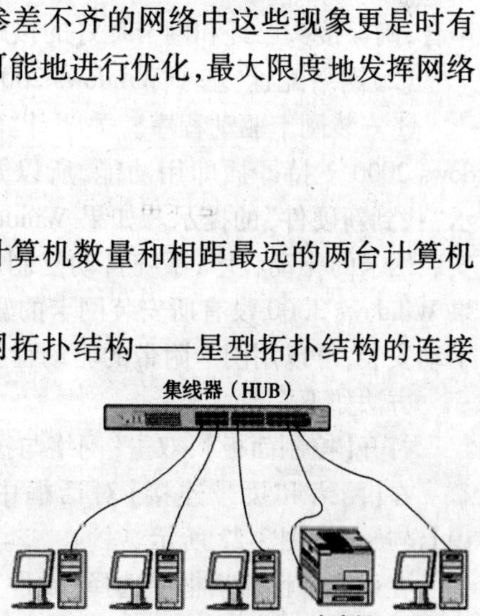

图 3-20 星型的网络结构

(1)布线。首先确定网络集线器和每台计算机之间的距离,分别截取相应长度的网线,然后将网线穿管(PVC 管),也可以不穿管,直接沿着墙壁走线。要注意的是双绞线(网线)的长度不得超过 100m,一般比计算机到集线器的实际距离长 1~2m 即可,太长的双绞线实际传输速度会有所降低,而且过长的双绞线缠绕起来也会因为电磁干扰而造成数据传输错误。

接着是“做网络接头”,也就是制作 RJ45 双绞线接头。用网钳的剥皮片把网线剥开一小段,按照直通线两端水晶头的导线排列顺序排列好。编号次序的定义是:把 RJ45 水晶头(如图 3-21 中 b)所示)有卡子的一面向下,8 根线镀金脚的下端向上,从左起依次为:橙白、橙、绿白、蓝、蓝白、绿、棕白、棕。

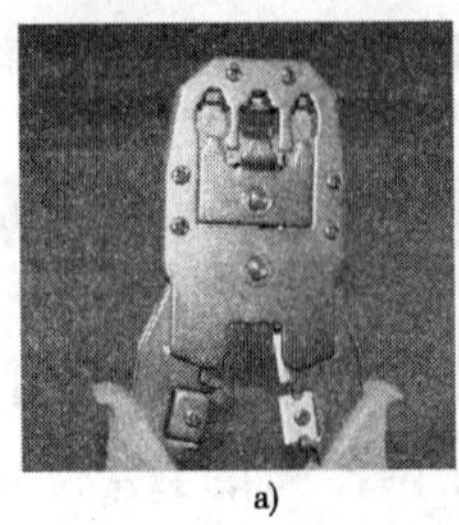

a)

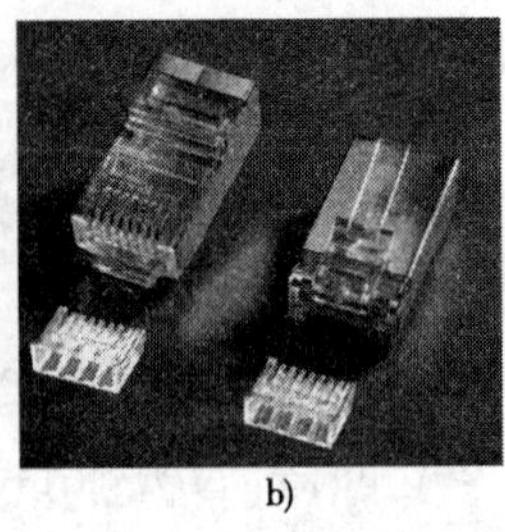

b)

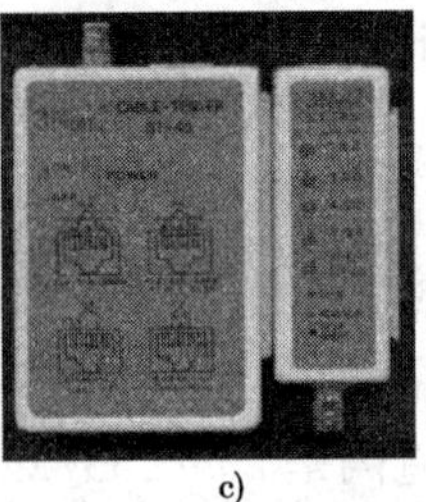

c)

图 3-21

a)网钳;b)RJ45 水晶头;c)网线测试仪

具体做法可按下述步骤制作:一是剥线。用网钳(如图 3-21 中的 a)所示)剪线刀口将线头剪齐,再将双绞线端头伸入剥线刀口,使线头触及前挡板,然后适度握紧网钳同时慢慢旋转双绞线,让刀口划开双绞线的保护胶皮,取出端头从而剥下保护胶皮;二是理线。双绞线由 8 根有色导线两两绞合而成,将其整理平行按橙白、橙、绿白、蓝、蓝白、绿、棕白、棕色平行排列,整理完毕用剪线刀口将前端修齐;三是插线。一只捏往水晶头,将水晶头有弹片一侧向下,另一只手捏平双绞线,稍稍用力将排好的线平行插入水晶头内的线槽中,8 条导线顶端应插入线槽顶端;四是压线。确认所有导线都到位后,将水晶头放入网钳夹槽中,用力捏几下网钳,压紧线头即可。重复上述方法制作双绞线的另一端即制作完成。然后,把制作完成之后的网线两端水晶头分别接入网络测试仪(如图 3-21 中的 c)所示)的两个接口测试各条导线间通信是否正常。

最后,将做好的网线水晶接头一端与网卡连接,另一端接于集线器上的端口,这样布线工作就基本完成。注意将接头插入网卡槽与集线器端口中时,要轻轻的压入,直至听到“咔”的声音,确保接头已经和网卡良好的接触。

(2)网络配置(基于 Windows 2000 网络操作系统)。

①安装网卡驱动程序。关闭计算机电源,打开机箱,将网卡插到主板的扩展槽中。Windows 2000 支持即插即用功能,所以开机后系统会显示“找到新硬件”的提示。如果 Windows 2000 带有所安装网卡的驱动程序,系统自动复制所需的程序。如果 Windows 2000 没有所安装网卡的驱动程序,则需要手动安装,可以用网卡附带的驱动程序盘进行安装。

方法如下:

打开【控制面板】,双击【网络与拨号连接】。

在【网络和拨号连接】对话框中,单击【网络标识】链接。如图 3-22 所示。

在系统特性对话框中选择【硬件】选项卡。

单击【硬件向导】按钮,在硬件安装向导界面单击【下一步】按钮,根据安装向导的提示完成驱动程序的

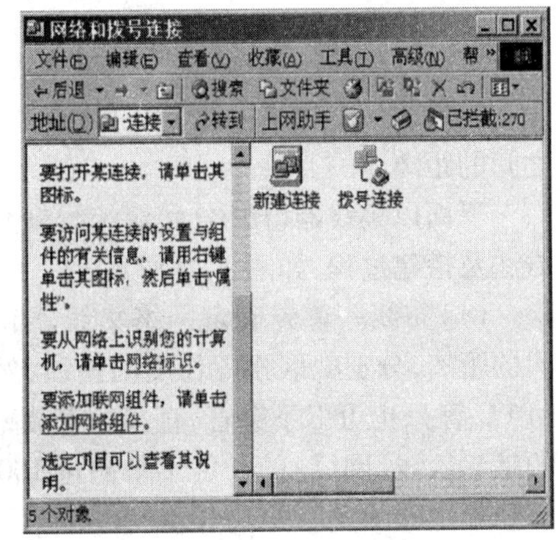

图 3-22 单击【网络标识】

安装。如图 3-23 所示。

②安装与配置网络协议。安装网卡之后,只是完成了组建网络的基本硬件要求。要使计算机连入局域网络,需要配置计算机的网络属性,其中包括配置网络协议和网络服务。不同的网络之间要实现通信,必须使用至少一种相同的网络协议。例如,要与 Internet 通信,就必须使用 TCP/IP 协议。对于一般的用户。需要添加 TCP/IP 协议、NetBEUI 协议、网络上的文件与打印服务和 Microsoft 网络客户。

安装网络协议的方法如下:

打开【控制面板】,双击【网络与拨号连接】,打开【网络与拨号连接】窗口。

右击【本地连接】图标,单击【属性】命令,打开【本地连接属性】对话框。

单击【安装】按钮,打开【选择网络组件类型】对话框。如图 3-24 所示。

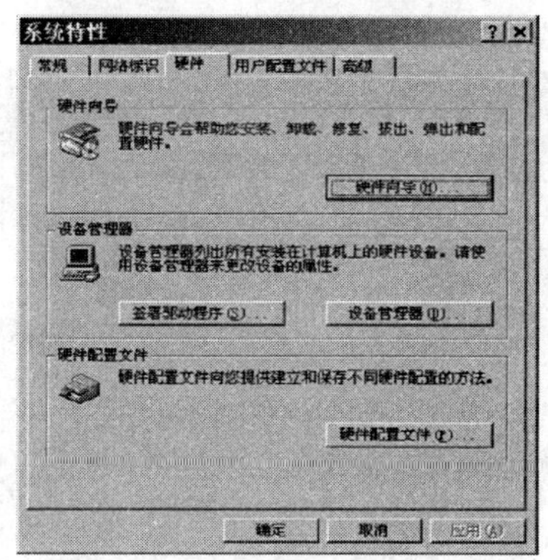

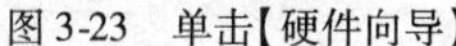
图 3-23　单击【硬件向导】

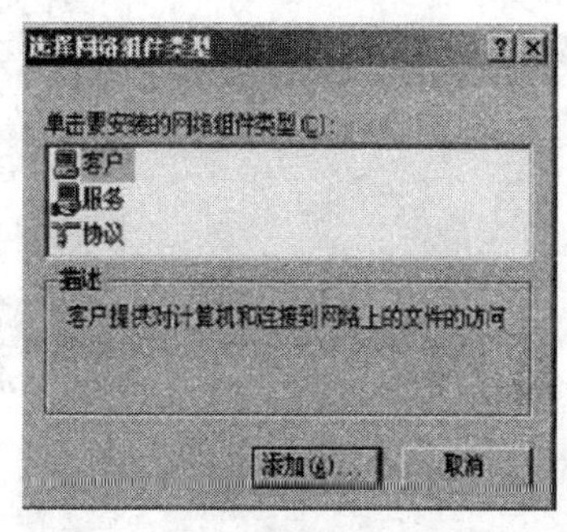

图 3-24　【选择网络组件类型】对话框

双击【协议】打开【选择网络协议】对话框。在【网络协议】列表框中,单击要安装的网络协议,然后单击【确定】。

重复以上步骤,继续安装其他网络协议。

若要使计算机以“Microsoft 网络客户端”的身份共享网络土的资源,在【选择网给组件类型】框中双击【客户】;在【选择网络客户】列表框中,双击【Microsoft 网络客户端】。

若要使计算机成为网络服务器的一部分,则在【选择网络组件类型】对话框中,双击【服务】;在【网络服务】列表框中,单击【Microsoft 网络的文件和打印机共享】,然后单击【确定】。只有安装“网络服务”,其他计算机上的用户才有可能使用该计算机上的共享资源,同样地,只有安装“网络客户”,本地计算机上的用户方有可能使用网络其他计算机(网络服务器)上的共享资源。

③将计算机加入局域网。安装网卡与网络协议之后,可以将计算机加入局域网络中。加入局域网络之前,需从网络管理员那里获取网络的一些基本信息,如域名或工作组名等。

在局域网中,每一台计算机必须拥有唯一的名称,否则无法区分是哪一台计算机连接在网络中。用户可利用计算机名,通过网络来访问该计算机中的共享资源。

将计算机加入局域网的操作方法如下:

选择【我的计算机】,按鼠标右键,打开快捷菜单。

在快捷菜单上,单击【属性】命令,打开【系统属性】对话框。如图 3-25 所示。

选择【网络标识】选项卡。

单击【网络 ID(N)】,将出现【网络标识向导】对话框。

单击【下一步】,将出现【正在连接网络】对话框,选中“本机是商业网络的一部分,用它连接到其他工作着的计算机”,再单击【下一步】,根据连接的网络类型不同,有两种选择。

a. 若要加入的网络是一个对等网,网络中没有“域控制器”,则应选中“公司使用没有域的网络”。

b. 若要加入的网络包含“域控制器”,即服务器—客户机型的网络,则应选中“公司使用带有域的网络”。

按屏幕提示继续完成其他设置。

完成设置后重新启动计算机。接着单击【开始】|【设置】|【网络和拨号连接】命令,打开【网络和拨号连接】窗口,双击【本地连接】图标,并在打开的对话框中单击【属性】按钮,双击【Internet 协议(TCP/IP)】协议,并在打开的【Internet 协议(TCP/IP)属性】对话框中,输入分配给该计算机的 IP 地址和子网掩码。如图 3-26 所示。

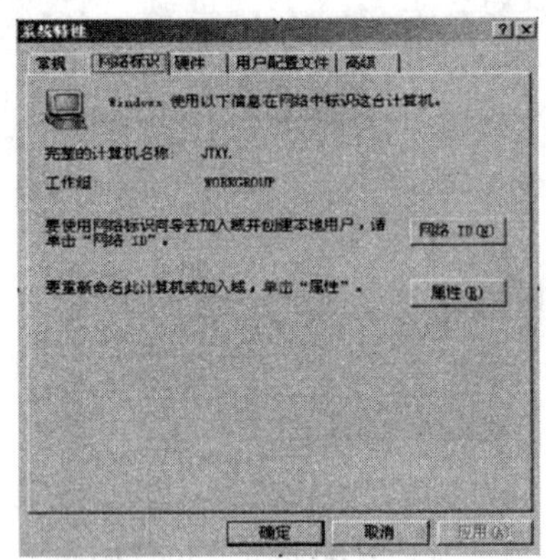

图 3-25 【系统属性】对话框

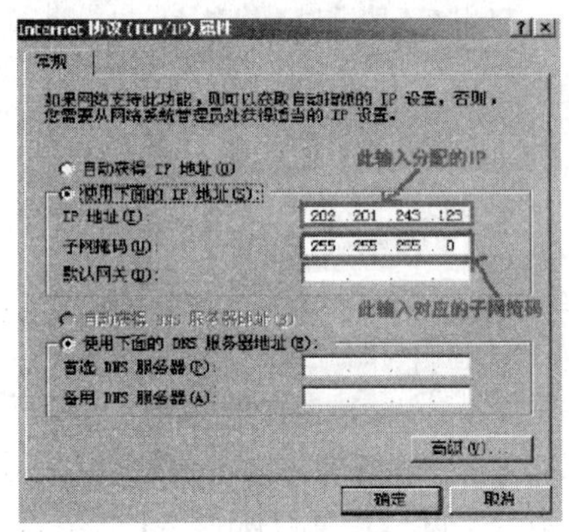

图 3-26 【Internet 协议(TCP/IP)属性】对话框

处在同一局域网中的多台计算机 IP 地址一定不能相同,比如将第一台计算机的 IP 地址设置为 202.201.243.123,那么可以将其他计算机分别设置为 202.201.243.120、202.201.243.121、202.201.243.122 等,以此类推,但子网掩码应该相同(如都填写为 255.255.255.0)。

3.2.3 如何将局域网加入 Internet?

要使局域网内的计算机能够连入 Internet,需要配置 MODEM、路由器等互联设备,进行网络硬件的布线。如图 3-27 所示。

另外,还需要对计算机 Internet 属性进行配置,包括 TCP 协议、IP 地址、DNS 等。接入 Internet 的前提是申请并获得 IP 地址,并且配有调制解调器。

设当前本机申请获得 IP 地址为:202.201.243.123,掩码为:255.255.255.0,使用的 DNS 服务器 IP 地址为:202.201.252.1。DNS 是由服务器供应商(ISP)提供。操作方法如下:

(1)打开【本地连接属性】对话框,选中【Internet 协议(TCP/IP)】,单击【属性】按钮,打开【Internet 协议(TCP/IP)属性】对话框。如图 3-28 所示。

(2)若要进行修改,在相应的项目中填入正确的 IP 地址、子网掩码和 DNS 服务器地址后,单击【确定】按钮,则 Windows 系统会自动进行组件调整,最后重新启动计算机。

(3)在【Internet 协议(TCP/IP)属性】对话框中,如果单击【高级】按钮,还可配置本计算机在上网时所使用的 DHCP 和 WINS(Windows Internet Naming Server,Windows 域名服务)服务器,也可以将本计算机配置成具备多个 IP 地址的多址计算机,以满足网络服务的需要。

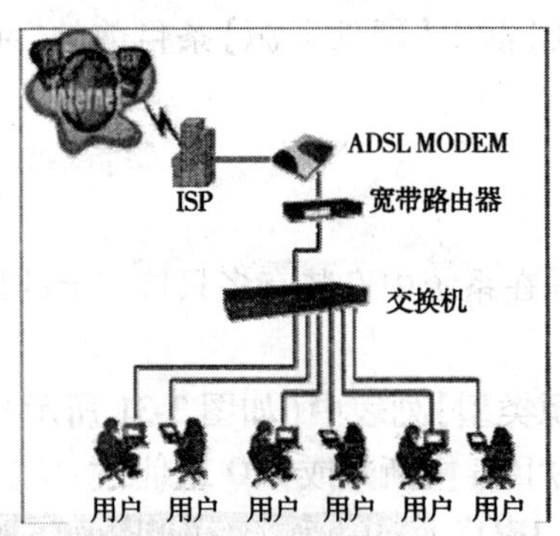

图 3-27　局域网与 Internet 连接示意图

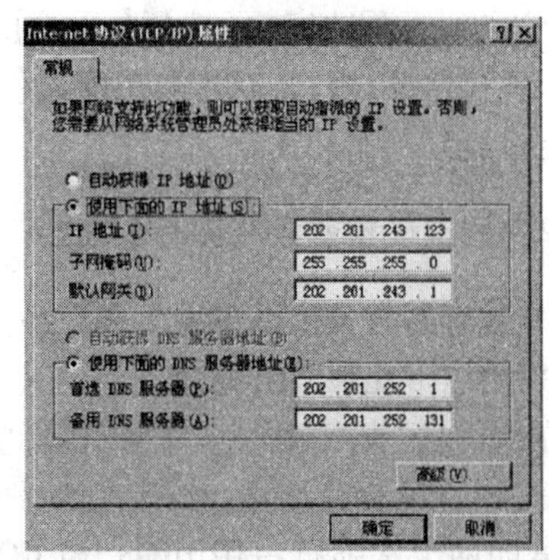

图 3-28　【Internet 协议(TCP/IP)属性】对话框

3.3　网络故障分析篇

3.3.1　网卡问题造成无法登录网络怎么办?

如果无法安装网卡驱动程序或安装网卡后无法登录网络,请按下述步骤检查处理:

(1)选择【控制面板】中【系统】图标,打开【系统属性】窗口。

(2)在【系统属性】窗口的【设备管理】标签的【按类型查看设备列表】中,双击【网络适配器】条目前的"+"号将其展开,其下应当列出当前网卡。如图 3-29 所示。

(3)如果【设备管理】标签中没有【网络适配器】条目或当前网卡前有一"X"号,说明系统没能识别网卡,可能产生的原因有网卡驱动程序安装不当、网卡硬件安装不当、网卡硬件故障等。

(4)如果网卡前有一带圆圈的"!",说明系统找到了网卡,但网卡不能正常工作,请选定网卡后按【属性】按钮,打开【网卡属性】对话框。如图 3-30 所示。

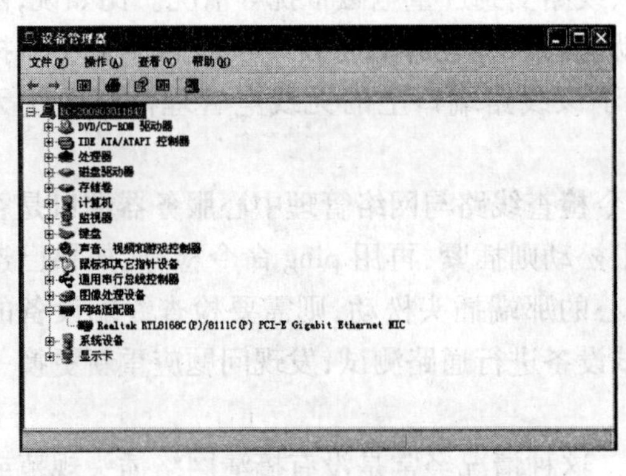

图 3-29　【设备管理器】对话框

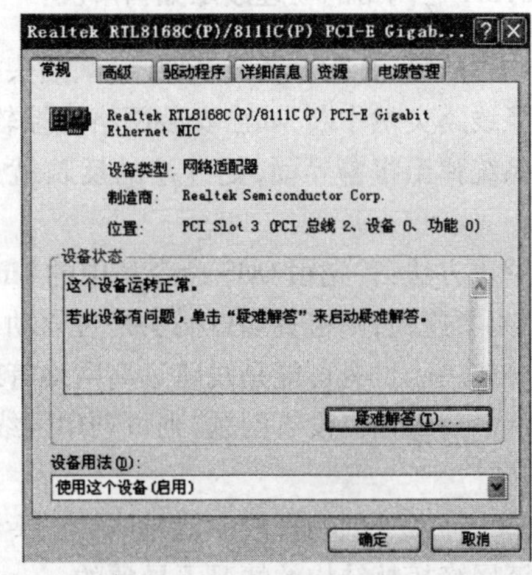

图 3-30　【网卡属性】对话框

(5)如果网卡不能正常工作,在【网卡属性】窗口【常规】标签的【设备状态】栏目中会给出故障类型和推荐的解决方法;如果存在资源冲突,在【资源】标签中的【冲突设备列表】中通常会给出与网卡发生冲突的设备以及冲突的 IRQ 中断号或 I/O 地址。对有些 PCI 网卡,用上述方法无法检查到资源冲突，可选择【开始】/【程序】/【附件】/【系统工具】/【系统信息】打开【Microsoft 系统信息】窗口，双击左边窗口【系统信息】框中【硬件资源】条目前的“+”号将其展开后，能检查到资源冲突。

3.3.2 网卡设置资源冲突怎么办？

网卡非常容易与其他设备发生资源冲突，尤其是在系统中安装有多只接口卡的情况下，资源冲突常采用以下几种方法处理。

(1)在上述【网卡属性】窗口【资源】标签的【资源类型】列表中(如图3-31所示)选定发生冲突的“资源”，按【更改设置】按钮，更改发生冲突的IRQ中断号或I/O地址；

(2)早期网卡常强行占用IRQ3，与COM2发生IRQ中断冲突，如果用户不使用COM2，可在BIOS中将【Onboard UART Port】项设置为Disabled，关闭COM2；

(3)有些PCI网卡会强行占用IRQ10，与一些强行占用IRQ10的显示卡发生IRQ中断冲突，可在BIOS中将【Assign IRQ For VGA】项设置为Disabled，不给显示卡分配固定的中断；

(4)运行网卡程序软盘中的设置程序，将网卡设置为非PNP模式(jumpless)，设置IRQ中断号和I/O地址为系统未占用的地址；并在BIOS中将相应中断号由PCI/ISA改为Legacy ISA；

(5)升级网卡BIOS，这种方法要求网卡使用的是Flash ROM，还需要去相应网站下载高版本网卡BIOS更新程序。如果用户采用上述方法均不能解决故障，建议换一块网卡试试。

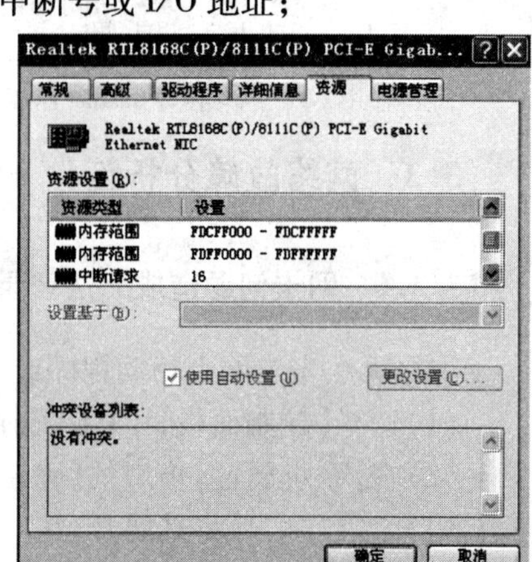

图3-31 【资源】对话框

3.3.3 网络的物理故障如何解决？

物理故障，是指设备或线路损坏、插头松动、线路受到严重电磁干扰等情况。比如说，网络中某条线路突然中断，如已安装网络监控软件就能够从监控界面上发现该线路流量突然掉下来或系统弹出报警界面，更直接的反映就是处于该线路端口上的无线电管理信息系统无法使用。

解决方法：首先用DOS命令集中的ping命令检查线路与网络管理中心服务器端口是否连通，如果不连通，则检查端口插头是否松动，如果松动则插紧，再用ping命令检查，如果已连通则故障解决。也有可能是线路远离网络管理中心的那端插头松动，则需要检查终端设备的连接状况。如果插口没有问题，则可利用网线测试设备进行通路测试，发现问题应重新更换一条网线。

另一种常见的物理故障就是网络插头误接。这种情况经常是没有搞清网络插头规范或没有弄清网络拓扑结构的情况下导致的。

解决方法：熟悉掌握网络插头规范，如T568A和T568B，搞清网线中每根线的颜色和意义，做出符合规范的插头。还有一种情况，比如两个路由器直接连接，这时应该让一台路由器的出口连接另一路由器的入口，而这台路由器的入口连接另一路由器的出口才行，这时制作的网线就应该满足这一特性，否则也会导致网络误解。不过像这种网络连接故障显得很隐蔽，要诊断这种故障没有什么特别好的工具,只有依靠网络管理的经验进行解决。

3.3.4 网络的逻辑故障如何解决?

逻辑故障中的一种常见情况就是配置错误,就是指因为网络设备的配置原因而导致的网络异常或故障。配置错误可能是路由器端口参数设定有误,或路由器路由配置错误以至于路由循环或找不到远端地址,或者是网络掩码设置错误等。比如,同样是网络中某条线路故障,发现该线路没有流量,但又可以 Ping 通线路两端的端口,这时很可能就是路由配置错误导致循环了。

解决方法:诊断该故障可以用 traceroute 工具,可以发现在 traceroute 的结果中某一段之后,两个 IP 地址循环出现。这时,一般就是线路远端把端口路由又指向了线路的近端,导致 IP 包在该线路上来回反复传递。这时需要更改远端路由器端口配置,把路由设置为正确配置,就能恢复线路了。当然处理该故障的所有动作都要记录在日志中,防止再次出现。

逻辑故障中另一类故障就是一些重要进程或端口关闭,以及系统的负载过高。比如,路由器的 SNMP 进程意外关闭或死掉,这时网络管理系统将不能从路由器中采集到任何数据,因此网络管理系统失去了对该路由器的控制。还有,也是线路中断,没有流量,这时用 ping 发现线路近端的端口 ping 不通。

解决方法:检查发现该端口处于 down 的状态,就是说该端口已经给关闭了,因此导致故障。这时只需重新启动该端口,就可以恢复线路的连通了。此外,还有一种常见情况是路由器的负载过高,表现为路由器 CPU 温度太高、CPU 利用率太高,以及内存余量太小等,虽然这种故障不能直接影响网络的连通,但却影响到网络提供服务的质量,而且也容易导致硬件设备的损害。

3.3.5 网络的线路故障如何解决?

线路故障最常见的情况就是线路不通,诊断这种故障可用 ping 检查线路远端的路由器端口是否还能响应,或检测该线路上的流量是否还存在。一旦发现远端路由器端口不通,或该线路没有流量,则该线路可能出现了故障。这时有几种处理方法。首先是 ping 线路两端路由器端口,检查两端的端口是否关闭了。如果其中一端端口没有响应则可能是路由器端口故障。如果是近端端口关闭,则可检查端口插头是否松动,路由器端口是否处于 down 的状态;如果是远端端口关闭,则要通知线路对方进行检查。进行这些故障处理之后,线路往往就通畅了。

如果线路仍然不通,一种可能就得线路本身的问题,看是否线路中间被切断;另一种可能就是路由器配置出错,比如路由循环了,就是远端端口路由又指向了线路的近端,这样线路远端连接的网络用户就不通了,这种故障可以用 traceroute 来诊断。解决路由循环的方法就是重新配置路由器端口的静态路由或动态路由。

3.3.6 网络的路由器故障如何解决?

事实上,线路故障中很多情况都涉及路由器,因此也可以把一些线路故障归结为路由器故障,在考虑线路故障时要涉及多个路由器。有些路由器故障仅仅涉及它本身,这些故障比较典型的就是路由器 CPU 温度过高、CPU 利用率过高和路由器内存余量太小。其中最危险的是路由器 CPU 温度过高,因为这可能导致路由器烧毁。而路由器 CPU 利用率过高和路由器内存余量太小都将直接影响到网络服务的质量,比如路由器上丢包率就会随内存余量的下降而上升。检测这种类型的故障,需要利用 MIB 变量浏览器这种工具,从路由器 MIB 变量中读出有关的数据,通常情况下网络管理系统有专门的管理进程不断地检测路由器的关键数据,并及时给出报警。而解决这种故障,只有对路由器进行升级、扩内存等,或者重新规划网络的拓扑结构。

另一种路由器故障就是自身的配置错误。比如配置的协议类型不对,配置的端口不对等。这种故障比较少见,在使用初期配置好路由器基本上就不会出现了。

3.3.7 网络的主机故障如何解决?

主机故障常见的现象就是主机的配置不当。比如,主机配置的 IP 地址与其他主机冲突,或 IP 地址根本就不在子网范围内,这将导致该主机不能连通。如泰州无线电管理处的网段范围是 172.17.14.1 ~ 172.17.14.253,所以主机地址只有设置在此段区间内才有效。还有一些服务设置的故障。比如 E-Mail 服务器设置不当导致不能收发 E-Mail,或者域名服务器设置不当将导致不能解析域名。主机故障的另一种可能是主机安全故障。比如,主机没有控制其上的 finger,rpc,rlogin 等多余服务。而恶意攻击者可以通过这些多余进程的正常服务或 bug 攻击该主机,甚至得到该主机的超级用户权限等。

另外,还有一些主机的其他故障,比如不当共享本机硬盘等,将导致恶意攻击者非法利用该主机的资源。发现主机故障是一件困难的事情,特别是别人恶意的攻击。一般可以通过监视主机的流量、或扫描主机端口和服务来防止可能的漏洞。当发现主机受到攻击之后,应立即分析可能的漏洞,并加以预防,同时通知网络管理人员注意。现在,各市都安装了防火墙,如果防火墙地址权限设置不当,也会造成网络的连接故障,只要在设置使用防火墙时加以注意,这种故障就能解决。

3.3.8 常用网络测试命令有哪些?

如果你是一位网络管理员或者是一位普通的拨号用户,可能经常会遇到这样一种情形,那就是访问某一个网站时可能会花费好长时间,或者根本就无法访问需要的网站,这样许多宝贵的时间就消耗在等待上了。有没有办法节省等待时间,最大限度地提高上网效率呢?答案当然是肯定的。访问一个网站需要等待好长时间是因为用户的计算机与要访问的网站之间的线路可能出现了堵塞的情况甚至出现了故障,如果我们能事先知道线路的质量不太好的话,就可以做到有的放矢,回避这一不稳定的情况,等到线路状态完好后再去访问需要的网站。

下面详细介绍几个网络测试命令,了解和掌握它们将会有助于你更好地使用和维护网络:

(1)Ping 检查路由的到达。

适用环境:WIN95/98/2000/NT。

使用格式:Ping [-t] [-a] [-n count] [-l size]。

参数介绍:

-t 让用户所在的主机不断向目标主机发送数据。

-a 以 IP 地址格式来显示目标主机的网络地址。

-n count 指定要 ping 多少次,具体次数由后面的 count 来指定。

-l size 指定发送到目标主机的数据包的大小。

主要功能:用来测试一帧数据从一台主机传输到另一台主机所需的时间,从而判断主响应时间。

详细介绍：

如果执行 Ping 不成功，则可以预测故障出现在以下几个方面：网线是否连通，网络适配器配置是否正确，IP 地址是否可用等；

如果执行 Ping 成功而网络仍无法使用，那么问题很可能出在网络系统的软件配置方面，Ping 成功只能保证当前主机与目的主机间存在一条连通的物理路径。

举例说明：

当我们要访问一个站点例如 www. chinayancheng. net 时，就可以利用 Ping 程序来测试目前连接该网站的速度如何。

执行 Ping 时首先在 Windows 9x 系统上，单击"开始"键并选择运行命令，接着在运行对话框中输入 Ping 和用户要测试的网址，例如 ping www. chinayan- cheng. net，接着该程序就会向指定的 Web 网址的主服务器发送一个 32 字节的消息，然后，它将服务器的响应时间记录下来。Ping 程序将会向用户显示 4 次测试的结果。响应时间低于 300ms 都可以认为是正常的，时间超过 400ms 则较慢。出现"请求暂停(Request time out)"信息意味着网址没有在 1s 内响应，这表明服务器没有对 Ping 做出响应的配置或者网址反应极慢。如果看到 4 个"请求暂停"信息，说明网址拒绝 Ping 请求。因为过多的 Ping 测试本身会产生瓶颈，因此，许多 Web 管理员不让服务器接受此测试。如果网址很忙或者出于其他原因运行速度很慢，如硬件动力不足，数据信道比较狭窄，过一段时间可以再试一次以确定网址是不是真的有故障。如果多次测试都存在问题，则可以认为是用户的主机和该网址站点没有连接上，用户应该及时与因特网服务商或网络管理员联系。

(2) winipcfg 显示 IP 协议的具体配置信息。

适用环境：WIN95/98/2000。

使用格式：winipcfg [/?] [/all]。

参数介绍：

/? 显示 winipcfg 的格式和参数的英文说明。

/all 显示所有的有关 IP 地址的配置信息。

主要功能：显示用户所在主机内部的 IP 协议的配置信息。

详细介绍：

winipcfg 命令后面不跟任何参数直接运行，程序将会在窗口中显示网络适配器的物理地址、主机的 IP 地址、子网掩码以及默认网关等，还可以查看主机的相关信息如：主机名、DNS 服务器、节点类型等。其中网络适配器的物理地址在检测网络错误时非常有用。在命令提示符下键入 winipcfg/? 可获得 winipcfg 的使用帮助，键入 winipcfg/all 可获得 IP 配置的所有属性。

举例说明：

如果我们想很快地了解某一台主机的 IP 协议的具体配置情况，可以使用 winipcfg 命令来检测。其具体操作步骤如下：在"运行"对话框中，直接输入 winipcfg 命令，接着按一下回车键，我们就会看到一个界面。在该界面中，我们了解到目前笔者所在的计算机是用的 3COM 类型的网卡，网卡的物理地址是 00-60-08-07-95-14，主机的 IP 地址是 210. 73. 140. 13，子网掩码是 255. 255. 255. 192，路由器的地址是 210. 73. 140. 1，如果用户想更加详细地了解该主机的其他 IP 协议配置信息，例如 DNS 服务器、DHCP 服务器等方面的信息，可以直接单击该界面中的"详细信息"按钮。

(3) tracert 显示数据包到达目的主机所经过的路径。

适用环境:WIN95/98/2000/NT 。

使用格式:tracert [-d] [-h maximum_hops] [-j host_list] [-w timeout]。

参数介绍:

-d 不解析目标主机的名字。

-h maximum_hops 指定搜索到目标地址的最大跳跃数。

-j host_list 按照主机列表中的地址释放源路由。

-w timeout 指定超时时间间隔,程序默认的时间单位是毫秒(ms)。

主要功能:判定数据包到达目的主机所经过的路径、显示数据包经过的中继节点清单和到达时间。

详细介绍:

该命令的使用格式是在 DOS 命令提示符下或者直接在运行对话框中键入如下命令:tracert 主机 IP 地址或主机名。执行结果返回数据包到达目的主机前所经历的中继站清单,并显示到达每个中继站的时间。该功能同 ping 命令类似,但它所看到的信息要比 ping 命令详细得多,它把你送出的到某一站点的请求包,所走的全部路由都告诉你,并且通过该路由的 ip 是多少,通过该 ip 的时延是多少。具体的 tracert 命令后还可跟好多参数,大家可以键入 tracert 后回车,其中会有很详细的说明。

举例说明:

想要了解自己的计算机与目标主机之间详细的传输路径信息,可以使用 tracert 命令来检测一下。

其具体操作步骤如下:在“运行”对话框中,直接输入 tracert www. chinayancheng. net 命令;或在 MS-DOS 方式下,输入 tracert www. chinayancheng. net 命令,同样也能看到结果画面。

在该画面中,很详细地跟踪连接到目标网站 www. chinayancheng. net 的路径信息,例如中途经过多少次信息中转,每次经过一个中转站时花费了多长时间,通过这些时间,我们可以很方便地查出用户主机与目标网站之间的线路到底是在什么地方出了故障等情况。如果我们在 tracert 命令后面加上一些参数,还可以检测到其他更详细的信息,例如使用参数 - d,可以指定程序在跟踪主机的路径信息时,同时也解析目标主机的域名。

(4) netstat 了解网络的整体使用情况。

适用环境:WIN95/98/2000/NT。

使用格式:netstat [-r] [-s] [-n] [-a]。

参数介绍:

-r 显示本机路由标的内容。

-s 显示每个协议的使用状态(包括 TCP 协议、UDP 协议、IP 协议)。

-n 以数字表格形式显示地址和端口。

-a 显示所有主机的端口号。

主要功能:该命令可以使用户了解到自己的主机是怎样与因特网相连接的。

详细介绍:

显示当前正在活动的网络连接的详细信息,例如显示网络连接、路由表和网络接口信息,可以让用户得知目前总共有哪些网络连接正在运行。我们可以使用 netstat/? 命令来查看一下该命令的使用格式以及详细的参数说明,该命令的使用格式:DOS 命令提示符下或者直接在运行对话框中键入如下命令:netstat(参数),利用该程序提供的参数功能,可以了解该命令的其他功能信息,例如显示以太网的统计信息,显示所有协议的使用状态。这些协议包括 TCP 协议、UDP 协议以及 IP 协议等,另外还可以选择特定的协议并查看其具体使用信息,显示所有主机的端口号以及当前主机的详细路由信息等。

举例说明:

如果我们想要了解某市信息网络中心节点的出口地址、网关地址及主机地址等信息,可以使用 netstat 命令来查询。具体操作方法如下:在“运行”对话框中,直接输入 netstat 命令,接着单击一下回车键,就会看到一个界面。当然也可以在 MS-DOS 方式下,输入 netstat 命令。在界面中,我们可以了解到用户所在的主机采用的协议类型、当前主机与远端相连主机的 IP 地址以及它们之间的连接状态等信息。

【学习工作单】

<table>
<tr><td rowspan="2">学习情境三:搭建局域网</td><td>姓名:</td><td rowspan="2">成绩:</td></tr>
<tr><td>班级:</td></tr>
</table>

1. 图 3-32、图 3-33、图 3-34 是 3 种常见的网络拓扑结构。请问是哪 3 种网络拓扑结构,并列出这 3 种网络拓扑结构的优缺点。

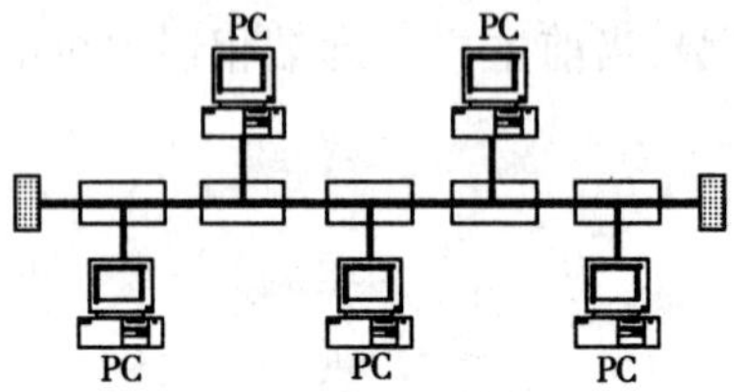

PC PC PC PC PC

图 3-32

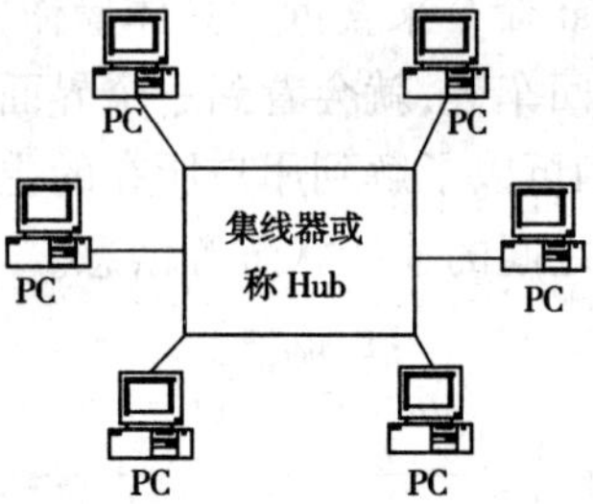

集线器或称 Hub PC PC PC PC PC PC

图 3-33

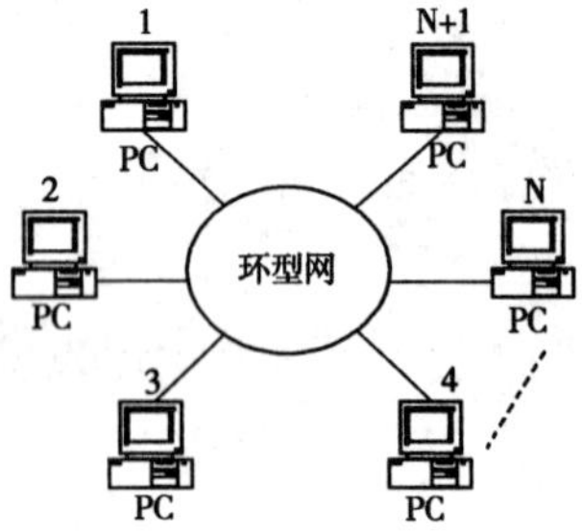

1 N+1 2 N 3 4 环型网 PC PC PC PC PC PC

图 3-34

____

____

____

____

____

____

____

____

____

____

____

2. 请说明图 3-35 哪个是“交叉线”接法,哪个是“直连线”接法,并列出这两种接法分别适用于哪些设备之间的连接。

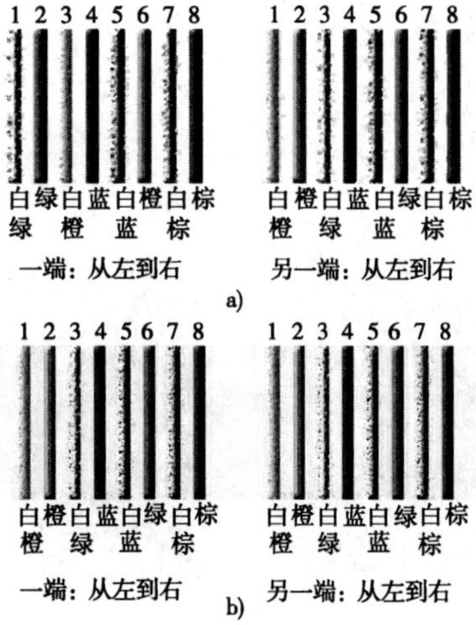

____

____

____

____

____

____

____

____

1 2 3 4 5 6 7 8
白绿 绿 白橙 蓝 白蓝 橙 白棕 棕
一端:从左到右

1 2 3 4 5 6 7 8
白橙 橙 白绿 蓝 白蓝 绿 白棕 棕
另一端:从左到右

a)

1 2 3 4 5 6 7 8
白橙 橙 白绿 蓝 白蓝 绿 白棕 棕
一端:从左到右

1 2 3 4 5 6 7 8
白橙 橙 白绿 蓝 白蓝 绿 白棕 棕
另一端:从左到右

b)

图 3-35　网络接线

3. 列举三种网络常用的传输媒体。

______、______、______。

4. 使用双绞线组网，双绞线和其他网络设备（例如网卡）连接使用的接头是必须是______。

5. 构成局域网的基本构件有______、______、______、______、______。

6. 网络适配器又称______或______，英文简写为______。

7. 目前常见的局域网类型有______、______、______（列举3种）。

8. 简述IP地址的含义以及分类。

______

9. 图3-36是一个八孔路由器，当中有LAN口和WAN口。请问，ADSLMODEM线路应该接在LAN口还是WAN口，用户计算机又该接在哪个口？

______

图3-36 八孔路由器

10. 根据图3-37的网络结构进行布线，并做记录。

______

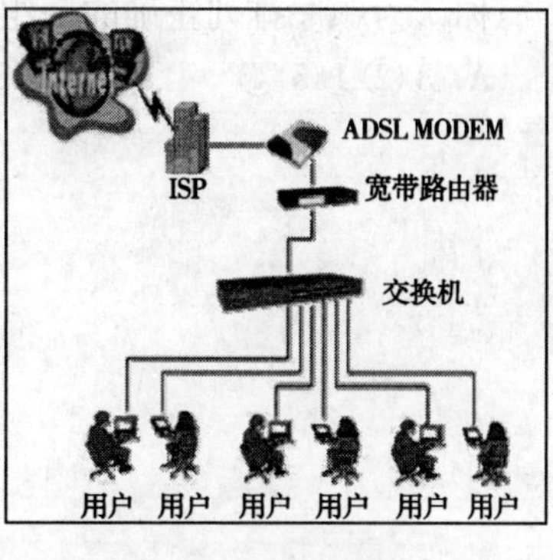

图3-37 网络结构图

11. 图 3-38 为路由器主页示例图。要求进入路由器主页,观察各功能选项,设置 Internet 与局域网的连接,并做记录。

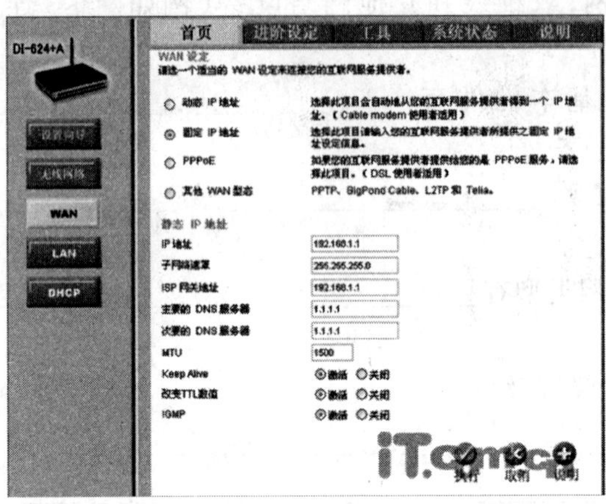

图 3-38　路由器主页示例图

____

____

____

____

____

____

12. 以下是组建计算机网络的一些基本步骤:

①网络设备硬件的准备和安装;

②计算机操作系统的安装与配置;

③确定网络组建方案,绘制网络拓扑图;

④授权网络资源共享;

⑤网络协议的选择与安装。

你认为顺序排列正确的一组是:________。

A. ③②①⑤④　　B. ③②⑤①④　　C. ③①②④⑤　　D. ③①⑤②④

【校内实训】

【职业岗位目标】

微型计算机安装调试员

【情境描述】

地点:计算机组装与维护实训室。实训室需要组建一间工作室,要求用一条电信网络把工作室里6台计算机连接成一个局域网实现资源共享,并且都能够上网。要求你根据工作室实际硬件环境,搭建适当类型的局域网,并制作一份局域网常见故障分析与排除手册,供日后维护需要。

【子任务】:搭建局域网

1. 方案设计

建立工作小组内部的合作分工,进行搭建网络的前期讨论,确定网络采用的拓扑结构,制订出初步的方案,接着进行方案可行性研究,最终敲定最优化的设计方案。然后小组再进行实施阶段的过程分工合作,来完成整个项目的操作。

2. 实施准备

计算机6台、ADSL网络一条、八孔路由器一个、MOMED一个、网卡6块、网线一卷、水晶头若干、网钳一把、网线测试仪一架。

3. 项目实施

完成以下操作:

(1)准备工作

①把网卡插入主板的板卡插槽上,安装网络驱动程序,创建本地连接,安装TCP/IP协议。

②根据计算机布局裁减网线,按照标准(568A和568B)制作网线。

③用网线测试仪测试制作完成的网线。

(2)网络布线

ADSL接入MOMED,再用一条网线一头接MOMED,一头接路由器WAN口,接着用网线把每台计算机的网。

卡插口接入路由器的LAN口,最后插上MOMED和路由器的变压器,打开电源。

(3)局域网与Internet设置

①察看路由器说明说,登录路由器主页,按照快速设置向导提示,设置Internet连接类型,输入用户名与密码,一步一步操作,完成设置。

②开启DHCP服务,设置局域网DHCP网段。

③重启MOMED和路由器。

④打开每台计算机的TCP/IP协议属性,把IP和DNS设置成自动获取。

⑤测试每台计算机与Internet的连接状态。

【实训报告】

实训三 实 训 报 告

班级：________________

学号：________________ 姓名：________________

实验记录：

(1)请记录本次实训小组讨论的内容及结果。

____

____

____

(2)画出你所搭建的局域网采用的拓扑结构。

____

____

____

(3)请阐述你所搭建的网络的优点在哪里。

____

____

____

(4)在搭建网络过程中，你考虑到了哪些问题？

____

____

____

(5)请记录本次实训的操作过程。

____

____

____

(6)遇到如下问题你该怎么解决？

问题1：网络适配器(网卡)设置与计算机资源有冲突。

____

____

____

问题2：6台计算机中只有5台能在“网上邻居”相互看见，而其中一台计算机谁也看不见它，它也看不见别的计算机。

____

____

____

问题 3:进行拨号上网操作时,MODED 没有拨号声音,始终连接不上因特网,MODED 上指示灯也不闪。

____

____

____

问题 4:连接因特网速度过慢。

____

____

____

(7)你在本次实训中学到了哪些知识技能?

____

____

____

____

____

【学生自评表】

<table>
<tr><td>姓名</td><td></td><td>班级</td><td></td><td>学号</td><td></td></tr>
<tr><td>时间</td><td colspan="3"></td><td>地点</td><td></td></tr>
<tr><td>序号</td><td colspan="3">自 评 内 容</td><td>分数</td><td>得分</td></tr>
<tr><td>1</td><td colspan="3">在项目工作过程中表现出的积极性、主动性和发挥的作用</td><td>10</td><td></td></tr>
<tr><td>2</td><td colspan="3">预备知识准备情况</td><td>15</td><td></td></tr>
<tr><td>3</td><td colspan="3">项目方案设计情况</td><td>10</td><td></td></tr>
<tr><td>4</td><td colspan="3">实施过程中注意事项到位情况</td><td>5</td><td></td></tr>
<tr><td>5</td><td colspan="3">搭建基本步骤的执行情况</td><td>40</td><td></td></tr>
<tr><td>6</td><td colspan="3">测试阶段情况</td><td>5</td><td></td></tr>
<tr><td>7</td><td colspan="3">整个项目完成情况</td><td>10</td><td></td></tr>
<tr><td>8</td><td colspan="3">安全操作</td><td>5</td><td></td></tr>
<tr><td>9</td><td colspan="3"></td><td></td><td></td></tr>
<tr><td>10</td><td colspan="3"></td><td></td><td></td></tr>
<tr><td colspan="4">总分</td><td>100</td><td></td></tr>
<tr><td colspan="4" rowspan="3">工作时间：</td><td colspan="2">提前完成</td></tr>
<tr><td colspan="2">准时完成</td></tr>
<tr><td colspan="2">没按时完成</td></tr>
<tr><td colspan="2">认为完成好的地方</td><td colspan="4"></td></tr>
<tr><td colspan="2">认为完成不满意的地方</td><td colspan="4"></td></tr>
<tr><td colspan="2">认为整个工作过程需要完善的地方</td><td colspan="4"></td></tr>
<tr><td colspan="4" rowspan="4">自我评价：</td><td colspan="2">非常满意</td></tr>
<tr><td colspan="2">满意</td></tr>
<tr><td colspan="2">不太满意</td></tr>
<tr><td colspan="2">不满意</td></tr>
<tr><td colspan="6">技术文件的整理与记录：</td></tr>
</table>

学习情境四　常用设置及工具软件的使用

【知 识 储 备】

【知识技能目标】

1. 掌握 Windows 系统常用设置。
2. 掌握常用命令的使用。
3. 掌握常用硬件检测软件的使用。
4. 学会查看硬件参数。
5. 学会通过工具软件监控计算机使用状况。
6. 学会通过工具软件进行优化设置。

【预备知识】

4.1　常用设置篇

4.1.1　Windows XP 操作系统常用设置

(1)如何查看硬件属性、型号及驱动的安装及卸载。选择我的计算机(右键)—属性—硬件—设备管理器或控制面板—系统—硬件—设备管理器,见图 4-1。

图 4-1　设备管理器

附:驱动程序的作用。

驱动的英文就是 Driver,简单的来说驱动程序就是用来向操作系统提供一个访问、使用硬件设备的接口,实现操作系统和系统中所有的硬件设备的之间的通信程序,它能告诉系统硬件设备所包含的功能,并且在软件系统要实现某个功能时,调动硬件并使硬件用最有效的方式来完成它。

(2)如何进行 IP 设置。选择开始—控制面板—网络连接—本地连接(右键)—属性—Internet 协议 TCP/IP—属性,见图 4-2。

附:IP 地址、网关、子网掩码和 DNS 的作用。

IP 地址: Intcrnct 上的每台主机(IIost)都有一个唯一的 IP 地址。IP 协议就是使用这个地址在主机之间传递信息,这是 Internet 能够运行的基础。

子网掩码: 用于将 IP 地址划分成网络号与主机号。

默认网关: 网关是一个网络通向其他网络的 IP 地址,局域网连到外网就需要网关才能到达。

DNS：打开网页，首先需要将网址转换为 IP 地址才能访问，DNS 就是存放网址 IP 对照表的服务器的地址。

(3)如何进行文件夹选项设置。选择我的计算机—(菜单栏)工具—文件夹选项或控制面板—文件夹选项，见图 4-3。

例：显示所有隐藏文件，系统文件，显示权限管理(把“启用简单文件管理”的勾去掉)，显示扩展名。

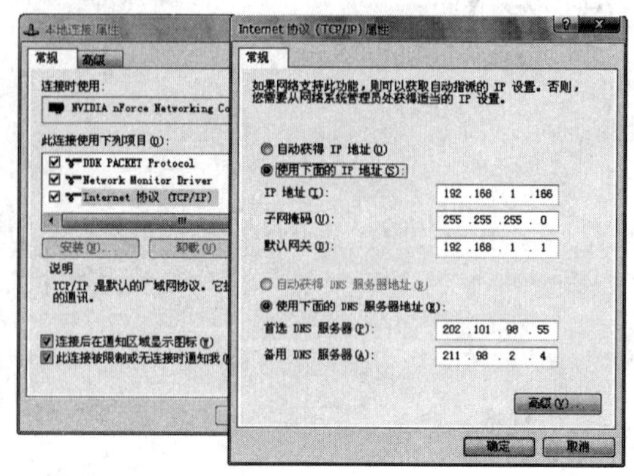

图 4-2　IP 设置

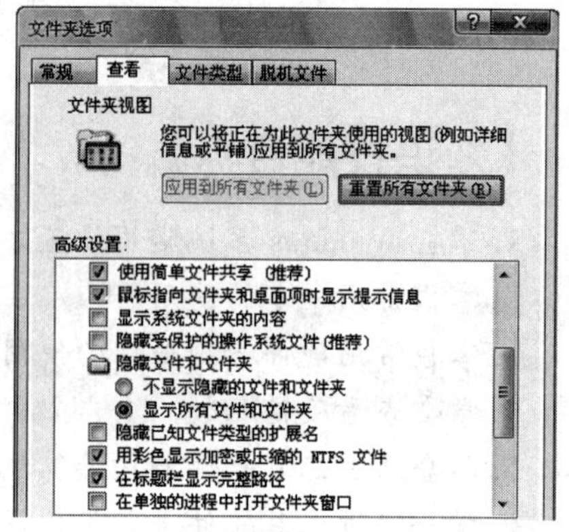

图 4-3　文件夹选项

附：权限。

权限：Windows 中，权限指的是不同账户对文件，文件夹，注册表等的访问能力。

在 Windows 中，为不同的账户设置权限很重要，可以防止重要文件被其他人所修改，使系统崩溃。

NTFS 文件系统才能开启文件夹权限控制；FAT32 不能。

(4)如何进行虚拟内存设置。选择我的计算机(右键)—属性—高级—设置—高级—虚拟内存—更改或控制面板—系统—高级—设置—高级—虚拟内存—更改。

查看虚拟内存大小，找到虚拟内存文件的实际位置(隐藏文件，在所设置盘的根目录下)，见图 4-4。

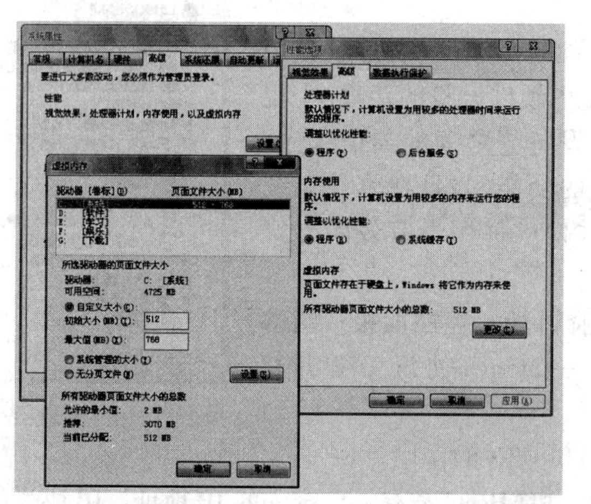

图 4-4　设置虚拟内存及虚拟内存的实际文件

附：虚拟内存的作用。

虚拟内存：虽然在运行速度上硬盘不如内存，但在容量上内存是无法与硬盘相提并论的。

当运行一个程序需要大量数据、占用大量内存时,内存就会被“塞满”,并将那些暂时不用的数据放到硬盘中,这些数据所占的空间就是虚拟内存。虚拟内存起到弥补物理内存不足的作用。

(5)如何进行电源选项设置。选择开始—控制面板—电源选项。

设置多少分钟关闭监视器,是否启用休眠,见图 4-5。

附:理解休眠与待机的区别。

休眠:在使用休眠模式时,你可以关掉计算机,并确信在回来时所有工作(包括没来得及保存或关闭的程序和文档)都会完全精确地还原到离开时的状态。内存中的内容会保存在磁盘上,监视器和硬盘会关闭,同时也节省了电能,降低了计算机的损耗。

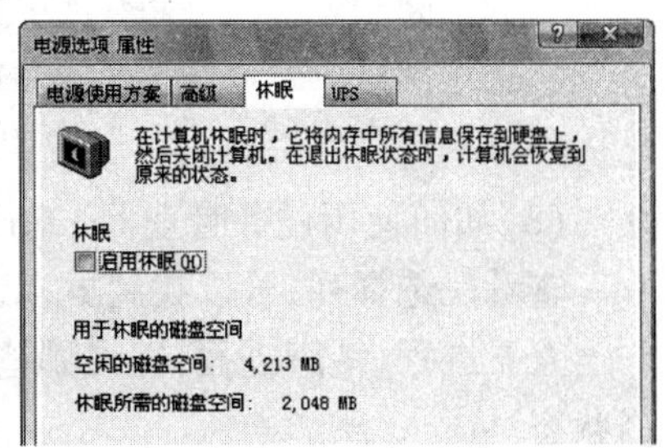

图 4-5　休眠设置

待机:切断某些硬件组件的电源,从而减少计算机的电源消耗。“待机”可切断外围设备、显示器甚至硬盘驱动器的电源,但会保留计算机内存的电源,以不至于丢失工作数据。

(6)如何进行显示设置。选择开始—控制面板—显示—设置

或在桌面无图标位置(右键)—属性—设置。

设置分辨率,颜色质量,刷新率(控制面板—显示—设置—高级—监视器),见图 4-6。

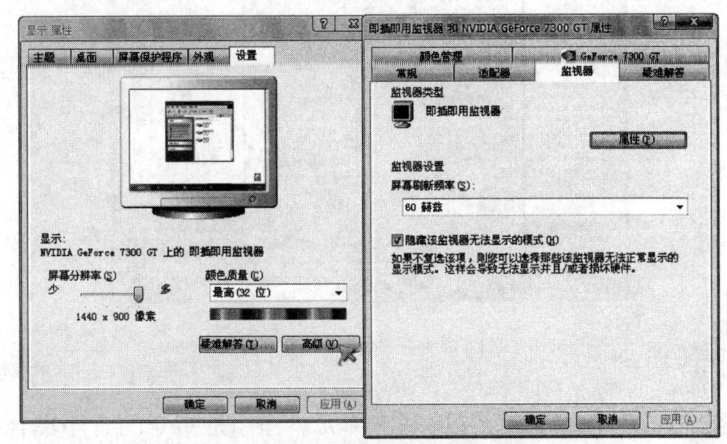

图 4-6　刷新率的设置

附:刷新率。

刷新率:屏幕每秒画面被刷新的次数,与电影每秒播放 24 张画面类似。刷新高,就不容易觉得闪烁。

一般来说,CRT 显示器的刷新率大于 75Hz 就不会感到闪烁;而液晶显示器有 60Hz 就够了。

(7)如何进行磁盘管理。选择开始—控制面板—管理工具—计算机管理—磁盘管理,见图 4-7。

附:主分区、扩展分区、逻辑分区间的关系。

主分区:主分区最多可以建立四个,最少需建立一个。要从硬盘上引导操作系统,首先需激活这块硬盘上的一个主分区。

扩展分区:由于主分区个数的限制,所以当需要设置很多个分区时候,就需要扩展分区。

将 4 个主分区中的其中一个设置为扩展分区，然后再在扩展分区中划分多个逻辑分区。

逻辑分区：扩展分区中划分的分区。

一般来说，默认情况下 C 盘是主分区，DEF 盘等是逻辑分区。

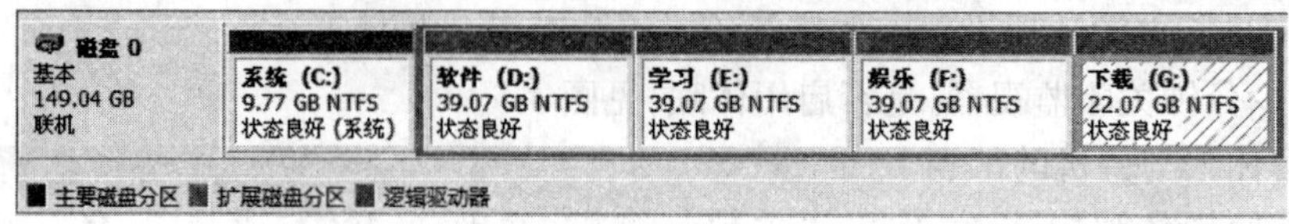

图 4-7　分区设置

(8)如何使用任务管理器。Ctrl + Shift + Del。

查看—选择列，可以找到更多进程、网络等信息，见图 4-8。

查看进程，结束进程，懂得哪些是系统必需的进程，查看 CPU 使用情况，内存使用情况，网络状态。

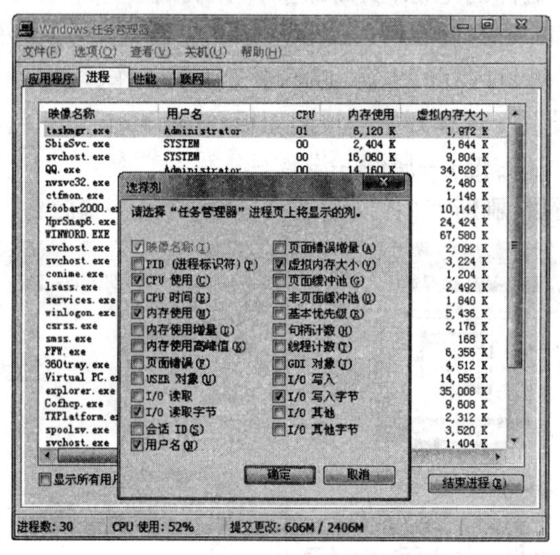

图 4-8　任务管理器

附：进程与线程。

进程：正在运行中的程序，资源分配的基本单元。程序是指令的有序集合，其本身没有任何运行的含义，是一个静态的概念。而进程是程序在处理机上的一次执行过程，它是一个动态的概念。

线程：是进程中的一个部分，是被系统独立调度和分派的基本单位，线程自己不拥有系统资源，只拥有一点在运行中必不可少的资源，但它可与同属一个进程的其他线程共享进程所拥有的全部资源。

4.1.2　命令行设置

选择“开始”—“运行”，在运行栏里输入命令名及参数，即可运行该命令(见图 4-9)。但有时结果是一闪而过，可输入“cmd”进入命令行模式进行操作，结果就不会一闪而过。

图 4-9　进入命令行

这些命令的程序体大多数位于系统盘的“windows”—“system32”文件夹中，由于默认系统环境变量的设置，所以在路径未定位到 system32 情况下也可以使用。

命令的格式一般是:“命令名 /参数 1 /参数 2” 或者 “命令名—参数 1—参数 2”。

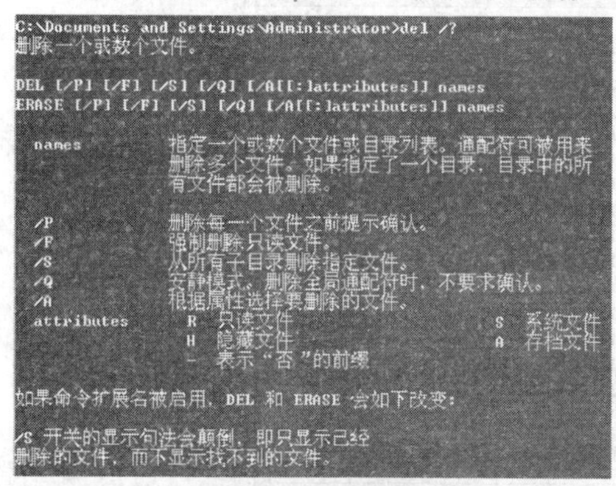

图 4-10　查看命令帮助

“?”参数通常可以调出命令的解释说明。如“dir /?”。

(1)输入“help”命令,可以查看到所有有中文解释的命令。(这些命令在 DOS 下通用,见图 4-10)常用的有 dir,del,copy, md,xcopy 等。

附:常用命令。

dir:查看文件及文件夹;copy:复制文件;del:删除;md:创建文件夹;xcopy:复制文件夹,也可以进行文件网络传输。

(2)还有些命令可以调出一些系统的高级设置。(有些是在控制面板找不到的,DOS 下不通用)常用的有注册表编辑器,见图 4-11。

①DirectX 诊断工具,见图 4-12。

附:DirectX 的作用。

DirectX 是一种应用程序接口(API),它可让以 windows 为平台的游戏或多媒体程序获得更高的执行效率,加强 3D 图形和声音效果,并提供设计人员一个共同的硬件驱动标准,让游戏开发者不必为每一品牌的硬件来写不同的驱动程序,也降低用户安装及设置硬件的复杂度。

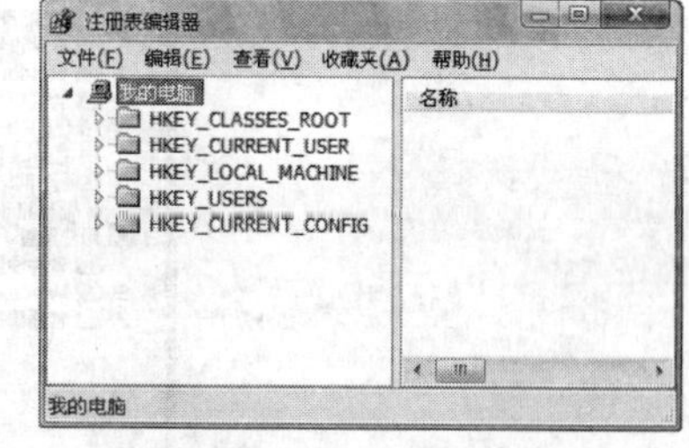

图 4-11　注册表编辑器

②系统设置,随系统自动启动的软件及服务在此设置,见图 4-13。

附:Windwos 服务。

使您能够创建在它们自己的 Windows 会话中可长时间运行的可执行应用程序。这些服务可以在计算机启动时自动启动,可以暂停和重新启动而且不显示任何用户界面。

③组策略,进行详细的系统高级设置,见图 4-14。

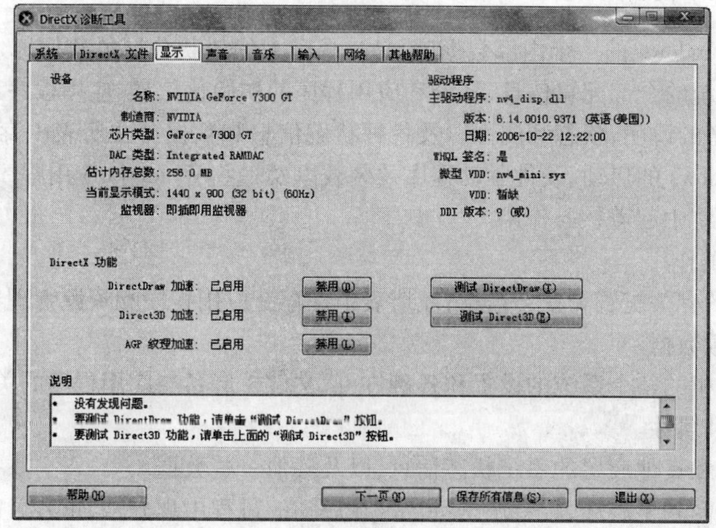

图 4-12　DirextX 诊断工具

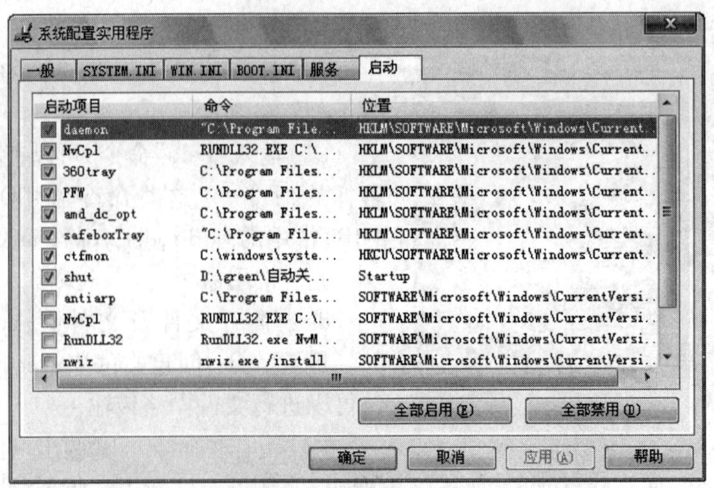

图 4-13　系统配置 msconfig

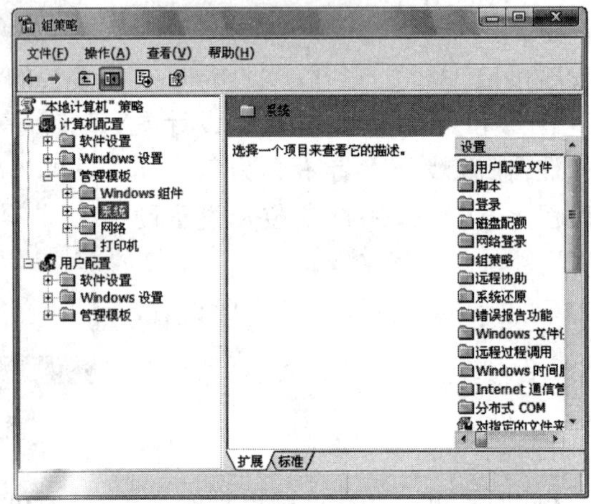

图 4-14　组策略

4.1.3　注册表的使用

注册表是 Windows 的一个内部数据库,是一个巨大的树状分层的数据库。它容纳了应用程序和计算机系统的全部配置信息、系统和应用程序的初始化信息、应用程序和文档文件的关联关系、硬件设备的说明、状态和属性以及各种状态信息和数据。注册表中存放着各种参数,直接控制着 Windows 的启动、硬件驱动程序的装载以及一些 Windows 应用程序的运行,从而在整个 Windows 系统中起着核心作用。

(1)注册表的作用。

①软、硬件的有关配置和状态信息,注册表中保存有应用程序和资源管理器外壳的初始条件、首选项和卸载数据。

②联网计算机的整个系统的设置和各种许可、文件扩展名与应用程序的关联关系,硬件部件的描述、状态和属性。

③性能记录和其他底层的系统状态信息,以及其他一些数据。

如果注册表受到了破坏,轻者使 Windows 在启动的过程出现异常,重者可能会导致整个系统的完全瘫痪。因此正确地认识、使用,特别是及时备份以及有问题时恢复注册表,对 Windows 用户来说就显得非常重要了。

(2)如何打开注册表编辑器?

注册表的打开方式很简单,单击 Windows“开始”按钮,找到“运行”,鼠标左键单击。在弹出的运行对话框中填入 regedit,按“确定”按钮即可。

我们可以看到,在注册表中,所有的数据都是通过一种树状结构以键和子键的方式组织起来,十分类似于目录结构,见图 4-15。注册表中的每个键都包含了一组特定的信息,每个键的键名都是和它所包含的信息相关的。

在注册表编辑器中注册表项是用控制键来显示或者编辑的。控制键使得找到和编辑信息项组更容易。因此,注册表使用这些条目。

HKEY_LOCAL_MACHINE

HKEY_CLASSES_ROOT

HKEY_CURRENT_CONFIG

HKEY_USERS

HKEY_CURRENT_USER

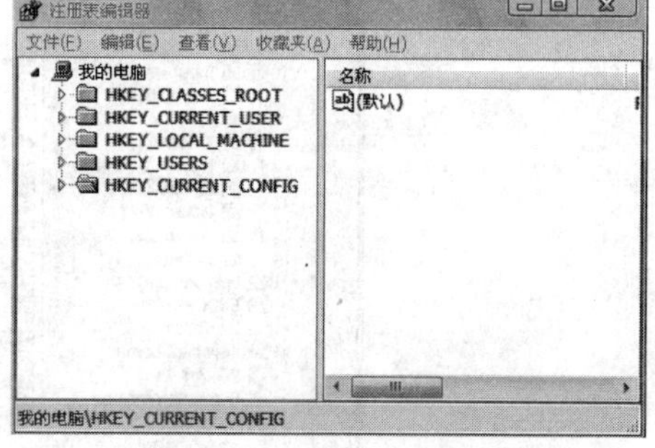

图 4-15 注册表编辑器

通过控制键可以比较容易编辑注册表。虽然它们显示和编辑好像独立的键,其实 HKEY_CLASSES_ROOT 和 HKEY_CURRENT_CONFIG 是 HKEY_LOCAL_MACHINE 的一部分,HKEY_CURRENT_USER 是 HKEY_USERS 的一部分。

HKEY_LOCAL_MACHINE 包含了 HKEY_CLASSES_ROOT 和 HKEY_CURRENT_CONFIG 的所有内容。每次计算机启动时,HKEY_CURRENT_CONFIG 和 HKEY_CLASSES_ROOT 的信息被映射用以查看和编辑。

HKEY_CLASSES_ROOT 其实就是 HKEY_LOCAL_MACHINE\SOFTWARE\Classes,但是在 HKEY_CLASSES_ROOT 窗编辑相对来说显得更容易和有条理。

HKEY_USERS 保存着缺省用户信息和当前登录用户信息。当一个域成员计算机启动并且一个用户登录,域控制器自动将信息发送到 HKEY_CURRENT_USER 里,而且 HKEY_CURRENT_USER 信息被映射到系统内存中。其他用户的信息并不发送到系统,而是记录在域控制器里。

(3)注册表编辑器的基本操作。注册表编辑器有一些基本操作命令,在这里以当前使用的 Desktop 为例来说明注册表编辑器的基本操作,见图 4-16。

①打开 HKEY_CURRENT_USER\Control Panel\desktop\WindowMetrics,在右边的窗口中是一些名称和数据。

②用鼠标右键单击编辑器右边的窗格,会弹出一个快捷菜单,可以选择它来创建一个主键、一个字符串、一个二进制值或者一个 DWORD 值。

③右击编辑器左边窗格的 desktop 关键字,会弹出另一个快捷菜单,在这里,你可以创建一个新的主键、串值、二进制值或者 DWORD 值,还可以进行查找、删除和重命名等操作。

④双击编辑器右边的窗格中的关键字名,将会弹出一个编辑窗口,在那儿可以调整常量的值,或者删除该常量,以及进行重命名等,比如双击字符串“IconFont”。

(4)注册表如何备份。注册表的备份见图 4-17。

(5)注册表如何恢复。注册表的修复见图 4-18。

(6)怎么清理注册表。由于注册表的重要性和复杂性,不推荐普通用户自己来修改注册表，普通用户可通过优化软件来对注册表进行备份、恢复、清理等操作。优化软件所进行的大量设置实质上都是在修改注册表，常见的优化软件都有注册表维护的功能。

图 4-16　修改注册表

图 4-17　备份注册表

图 4-18　修复注册表

(7)注册表应用实例

①加快开机及关机速度。[HKEY_CURRENT_USER]—[Control Panel]—[Desktop]将字符串值[HungAppTimeout]的数值数据更改为[200],将字符串值[WaitToKillAppTimeout]的数值数据更改为1000。

另外,在[HKEY_LOCAL_MACHINE]—[System]—[CurrentControlSet]—[Control],将字符串值[HungAppTimeout]的数值数据更改为[200],将字符串值[WaitToKillServiceTimeout]的数值数据更改1000。

②自动关闭停止响应程序。[HKEY_CURRENT_USER]—[Control Panel]—[Desktop]。

将字符串值[AutoEndTasks]的数值数据更改为1,重新启动即可。

③清除内存中不被使用的DLL文件。[HKKEY_LOCAL_MACHINE]—[SOFTWARE]—[Microsoft]—[Windows]—[CurrentVersion],在[Explorer]增加一个项[AlwaysUnloadDLL],默认值设为1。

注:如由默认值设定为[0]则代表停用此功能。

④加快宽带接入速度。[HKEY_LOCAL_MACHINE]—[SOFTWARE]—[Policies]—[Microsoft]—[Windows],增加一个名为[Psched]的项,在[Psched]右面窗口增加一个Dword值[NonBestEffortLimit]数值数据为0。

或者在[开始]—[运行]—键入[gpedit. msc],打开本地计算机策略,在左边窗口中选取[计算机配置]—[管理模板]—[网络]—[QoS数据包调度程序],在右边的窗口中双击“限制可保留的带宽”,选择“已启用”并将“带宽限制(%)”设为0应用—确定,重启动即可。

⑤加快菜单显示速度。[HKEY_CURRENT_USER]—[Control Panel]—[Desktop],将字符串值[MenuShowDelay]的数值数据更改为[0],调整后如觉得菜单显示速度太快而不适应者可将[MenuShowDelay]的数值数据更改为[200],重新启动即可。

⑥加快自动刷新率。[HKEY_LOCAL_MACHINE]—[System]—[CurrentControlSet]—[Control]—[Update],将Dword[UpdateMode]的数值数据更改为[0],重新启动即可。

⑦加快预读能力改善开机速度。Windows XP预读设定可提高系统速度,加快开机速度。按下修改可进一步善用CPU的效率:[HKEY_LOCAL_MACHINE]—[SYSTEM]—[CurrentControlSet]—[Control]—[SessionManager]—[MemoryManagement],在[PrefetchParameters]右边窗口,将[EnablePrefetcher]的数值数据如下更改,如使用PIII 800MHz CPU以上的建议将数值数据更改为4或5,否则建议保留数值数据为默认值即3。

⑧利用CPU的L2 Cache加快整体效能。[HKEY_LOCAL_MACHINE]—[SYSTEM]—[CurrentControlSet]—[Control]—[SessionManager],在[MemoryManagement]的右边窗口,将[SecondLevelDataCache]的数值数据更改为与CPU L2 Cache相同的十进制数值:例如:P4 1.6GA的L2 Cache为512KB,数值数据更改为十进制数值512。

⑨关机时自动关闭停止响应程序。[HKEY_USERS]—[.DEFAULT]—[Control Panel],然后在[Desktop]右面窗口将[AutoEndTasks]的数值数据改为1,注销或重新启动。

4.2 工具软件使用篇

(1)SuperPI、CPU-Z检测CPU。CPU-Z是一个小巧的测试CPU内存的工具(见图4-19),可用于检测是否买到假货。

SuperPI是一个通过计算圆周率来测试计算机运算能力的工具(见图4-20),网络上一般以小数点后 104 万位作为评判标准,2008 年的主流配置,一般在 40s 内可以完成计算。

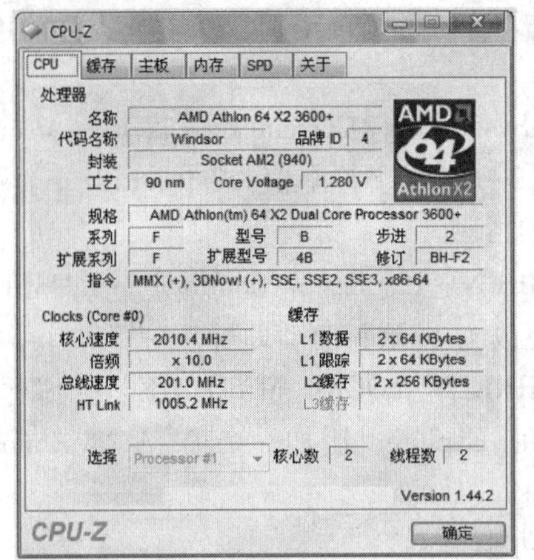

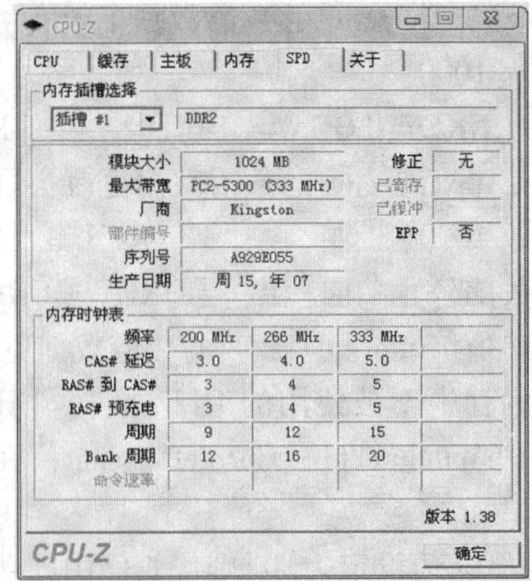

图 4-19 CPU-Z

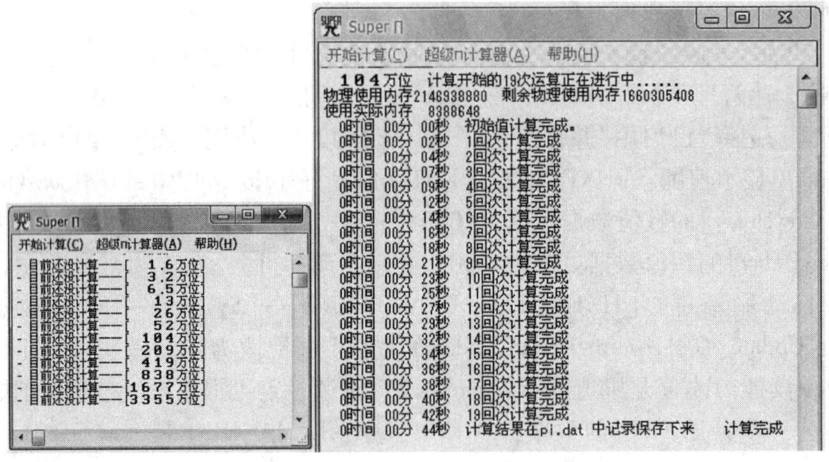

图 4-20 Super PI

(2)HDTune 检测硬盘。HDTune 是一款极佳的硬盘检测工具(见图 4-21),它有以下主要功能:

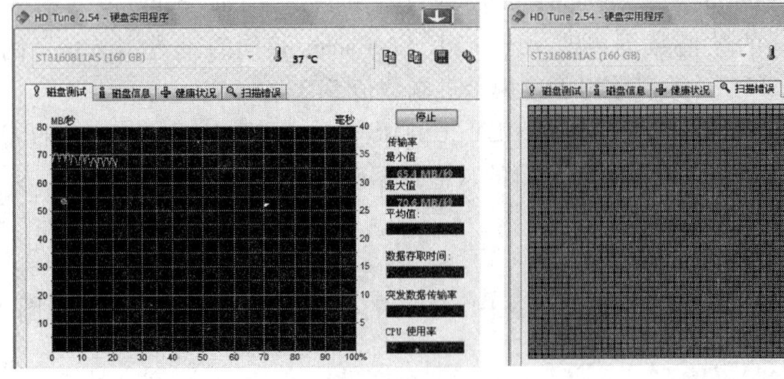

图 4-21 HD Tune

①基准测试:检测硬盘的传输性能;

②信息:显示硬盘的详细信息;

③健康状态:通过使用 SMART 来检查硬盘的健康状态;

④错误扫描:扫描硬盘表面的错误;

⑤温度显示。

另外,HDTune 还同样可以用于下列的其他存储设备(例如:内存卡、USB 存储卡、iPods、等)。

(3)Nokia Monitor Test 检测液晶显示器。一款由 NOKIA 公司出品的专业显示器测试软件(见图 4-22),功能很全面,包括了测试显示器的亮度、对比度、色纯、聚焦、水波纹、抖动、可读性等重要显示效果和技术参数。Nokia Monitor Test 小小的身材,一张软盘即可携带,却带给我们强大的功能。在购买显示器时带着它,经它检测过的显示器可以放心购买,也可以用它更好地调节显示器,让显示器发挥出最好的性能。

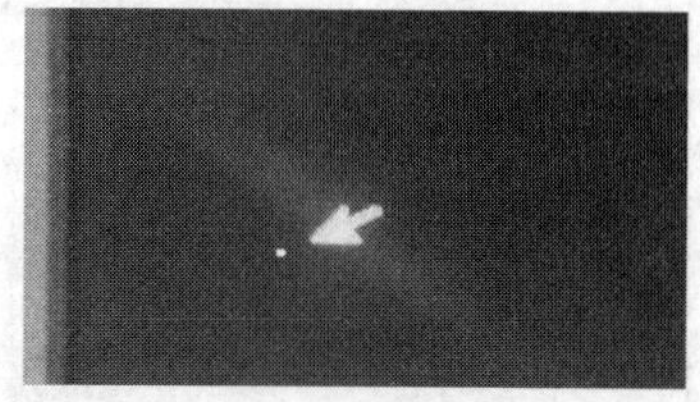

图 4-22　亮点

(4)Everest 全面检测。EVEREST(原名 AIDA32),一个测试软硬件系统信息的工具(见图 4-23),它可以详细的显示出 PC 每一个方面的信息。支持上千种(3400 +)主板,支持上百种(360 +)显卡,支持对并口/串口/USB 这些 PNP 设备的检测,支持对各式各样的处理器的侦测。

(5)Windows 优化大师进行系统优化。Windows 优化大师是一款功能强大的系统辅助软件(见图 4-24),它提供了全面有效且简便安全的系统检测、系统优化、系统清理、系统维护四大功能模块及数个附加的工具软件。使用 Windows 优化大师,能够有效地帮助用户了解自己的计算机软硬件信息;简化操作系统设置步骤;提升计算机运行效率;清理系统运行时产生的垃圾;修复系统故障及安全漏洞;维护系统的正常运转。

进行系统优化前应注意备份注册表。

图 4-23　EVEREST 全面检测软件

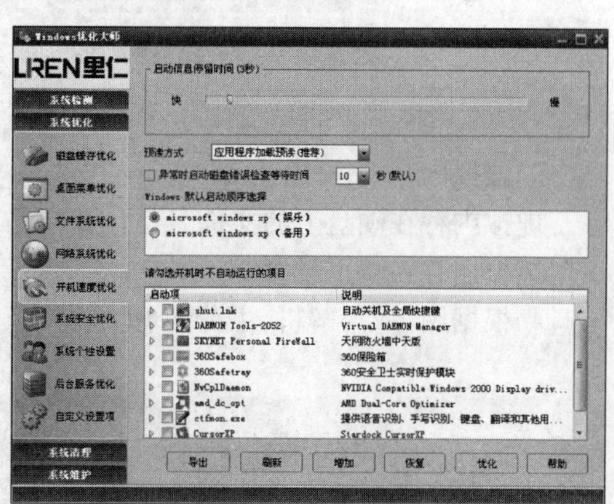

图 4-24　优化大师

【学习工作单】

学习情境四:常用设置及工具软件的使用	姓名:	成绩:
	班级:	

1. 认识 CPU(见图 4-25)。

CPU 内核三大组成部分:______________________________。

该 CPU 生产厂商:______________________________。

CPU 主频:______________________________。

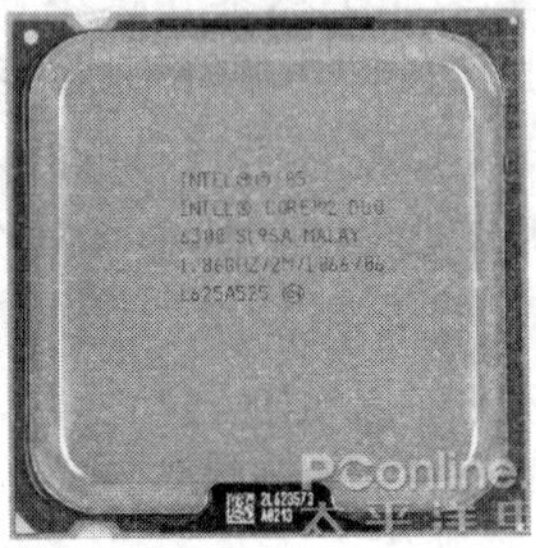

图 4-25　CPU

2. 如图 4-26 所示,IP 地址:________________网关:________________

DNS:______________________________

DNS 的作用:______________________________

“00-16-E6-D4-AC-35”表示什么?________________________

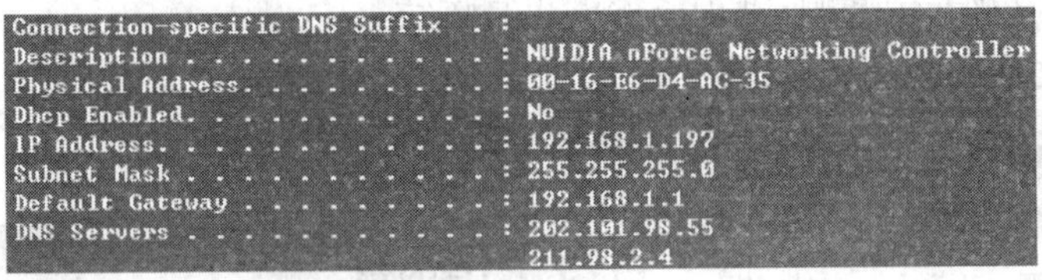

Connection-specific DNS Suffix . :
Description . . . . : NVIDIA nForce Networking Controller
Physical Address. . . . . : 00-16-E6-D4-AC-35
Dhcp Enabled. . . . . : No
IP Address. . . . . : 192.168.1.197
Subnet Mask . . . . : 255.255.255.0
Default Gateway . . . . : 192.168.1.1
DNS Servers . . . . : 202.101.98.55
211.98.2.4

图 4-26　IP 地址

3. 虚拟内存的作用:______________________________

虚拟内存在硬盘上的文件名是什么?________________________

虚拟内存在哪里设置?______________________________

4. 根据图 4-27,解析:主分区、扩展分区、逻辑分区三者之间的关系。

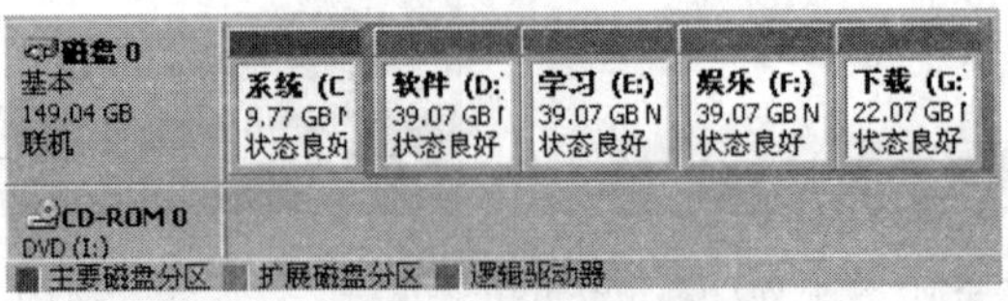

磁盘 0
基本
149.04 GB
联机
系统 (C
9.77 GB N
状态良好
软件 (D:
39.07 GB N
状态良好
学习 (E:)
39.07 GB N
状态良好
娱乐 (F:)
39.07 GB N
状态良好
下载 (G:
22.07 GB N
状态良好
CD-ROM 0
DVD (I:)
主要磁盘分区
扩展磁盘分区
逻辑驱动器

图 4-27　主分区、扩展分区与逻辑分区

____

5. 显示 C 盘根目录下所有文件的命令：________________

6. 根据 boot. ini 多系统选择菜单文件，完成所列题目。

[boot loader]
timeout = 3
default = multi(0)disk(0)rdisk(0)partition(1)\WINDOWS
[operating systems]

multi(0)disk(0)rdisk(0)partition(1)\WINDOWS = "Microsoft
Windows XP（娱乐）"/noexecute = optin/fastdetect

multi(0)disk(0)rdisk(0)partition(3)\WINDOWS = "Microsoft
Windows XP（备用）"/noexecute = optin/fast

默认进入哪个盘的 XP 系统：________________

等待时间：________________

7. 测试旁边计算机是否在线的 ping 命令是：________________

8. 查看当前活动的网络端口的命令是：________________

9. DirextX 在系统中的作用是：________________

____

10. 进程与程序的区别是：________________

____

11. 休眠与待机的区别是：________________

____

12. 注册表的作用是：________________

13. 计算机配件驱动的作用是：________________

14. Windows 服务中，有哪些是必需的，哪些是不允许终止的？

____

____

____

____

____

【校 外 实 训】

【职业岗位目标】

微型计算机系统维护员

【情境描述】

地点:校外实训基地(计算机公司门市)。

某用户按照自己的需求购买一台组装机,在选择配件的时候,用户想要测试一下配件的质量和性能,希望你提供一些硬件测试工具,并进行客观地评测。

另外,该用户希望你按照用户要求,帮忙对操作系统进行一些个性化设置及优化,以实现快速开关机、转移“桌面”及“我的文档”位置、关闭自动播放等。

最后备份注册表,以备不时之需。

【子任务一】:使用硬件检测软件

1. 方案设计

安装一些权威的测试软件,对各个配件的参数进行测试,再进行全面性能的测试。

2. 实训准备

Everest、CPU-Z 、SuperPI、HDTune、、Nokia Monitor Test、3D Mark06、USBCleaner、360 安全卫士、Windows 优化大师等软件及 Windows 系统安装盘。

3. 项目实施

完成以下操作:

(1)使用 CPU-Z 检测 CPU 和内存的厂商、参数等是否符合标识。

(2)使用 HDTune 检测硬盘累计加电时间及是否有坏道。

(3)Nokia Monitor Test 检测液晶显示器是否有亮点、坏点。

(4)Everest 全面检测。

【子任务二】:系统维护及优化

1. 方案设计

对操作系统进行一些个性化设置及优化,然后备份注册表。

2. 实训准备

Windows 优化大师、USBCleaner、360 安全卫士等软件及 Windows 系统安装盘。

3. 项目实施

(1)使用 Windows 优化大师等优化软件修改开机自动启动程序,以实现快速开机。

(2)手动修改注册表,设置“桌面”及“我的文档”位置。

(3)使用 USBCleaner 等安全软件完全关闭“自动播放”功能,防止 U 盘病毒的感染传播。

(4)备份注册表。

【实训报告】

实训四　实 训 报 告

班级：________________

学号：________________　姓名：________________

实验记录：

1. 写出本计算机网络的相关信息。

IP 地址：________________。

网关：________________。

DNS：________________。

DNS 的作用：________________。

2. 虚拟内存大小：________________。

虚拟内存的作用：________________。

3. 主分区、扩展分区、逻辑分区分别有多大？

____

4. msconfig 命令查看到的开机自动运行的程序名是什么？

____

____

5. 注册表的根目录有哪些？分别存放哪方面的内容？

____

____

6. 写出 CPU-Z 软件检测出的该计算机的 CPU 信息。

CPU 型号：________________。

CPU 主频：________________。

内存厂商：________________。

内存容量：________________。

SuperPI 软件计算圆周率小数点后 104 万位所花的时间：________________。

7. 测试旁边计算机是否在线的命令是什么？

____

8. 百度网站的 IP 地址是多少？

____

9. 本机中活动的网络端口有哪些？

____

10. 用优化大师或者 everest 查看硬件型号。

主板型号：________________。

声卡型号：________________。

网卡型号：________________。

【学生自评表】

<table>
<tr><td>姓名</td><td colspan="2"></td><td>班级</td><td></td><td>学号</td><td></td></tr>
<tr><td>时间</td><td colspan="4"></td><td>地点</td><td></td></tr>
<tr><td>序号</td><td colspan="4">自 评 内 容</td><td>分数</td><td>得分</td></tr>
<tr><td>1</td><td colspan="4">在项目工作过程中表现出的积极性、主动性和发挥的作用</td><td>10</td><td></td></tr>
<tr><td>2</td><td colspan="4">通过各种渠道收集资料进行工作的情况</td><td>5</td><td></td></tr>
<tr><td>3</td><td colspan="4">Windows XP 的常用设置</td><td>20</td><td></td></tr>
<tr><td>4</td><td colspan="4">常用命令的使用</td><td>20</td><td></td></tr>
<tr><td>5</td><td colspan="4">常用网络命令的使用</td><td>20</td><td></td></tr>
<tr><td>6</td><td colspan="4">硬件测试软件的使用</td><td>20</td><td></td></tr>
<tr><td>7</td><td colspan="4">市场调查时资料收集情况</td><td>15</td><td></td></tr>
<tr><td>8</td><td colspan="4"></td><td></td><td></td></tr>
<tr><td>9</td><td colspan="4"></td><td></td><td></td></tr>
<tr><td>10</td><td colspan="4"></td><td></td><td></td></tr>
<tr><td colspan="5">总分</td><td>100</td><td></td></tr>
<tr><td colspan="5" rowspan="3">工作时间：</td><td colspan="2">提前完成</td></tr>
<tr><td colspan="2">准时完成</td></tr>
<tr><td colspan="2">没按时完成</td></tr>
<tr><td colspan="2">认为完成好的地方</td><td colspan="5"></td></tr>
<tr><td colspan="2">认为完成不满意的地方</td><td colspan="5"></td></tr>
<tr><td colspan="2">认为整个工作过程需要完善的地方</td><td colspan="5"></td></tr>
<tr><td colspan="5" rowspan="4">自我评价：</td><td colspan="2">非常满意</td></tr>
<tr><td colspan="2">满意</td></tr>
<tr><td colspan="2">不太满意</td></tr>
<tr><td colspan="2">不满意</td></tr>
<tr><td colspan="7">技术文件的整理与记录：</td></tr>
</table>

学习情境五　计算机故障排除

【知 识 储 备】

【知识技能目标】

1. 学会判定病毒类型。
2. 学会防治病毒。
3. 学会计算机硬件日常维护。
4. 学会判定计算机硬件故障的方法。
5. 掌握处理计算机硬件故障的基本原则。
6. 掌握处理常见计算机硬件故障的方法。
7. 计算机故障排除实例。
8. 笔记本计算机维护维修实例。

【预备知识】

5.1　计算机病毒基础知识篇

5.1.1　什么是计算机病毒?

计算机病毒(Computer Virus)在《中华人民共和国计算机信息系统安全保护条例》中被明确定义,病毒“指编制或者在计算机程序中插入的破坏计算机功能或者破坏数据,影响计算机使用并且能够自我复制的一组计算机指令或者程序代码”。图5-1为2007年著名的“熊猫烧香”病毒文件。

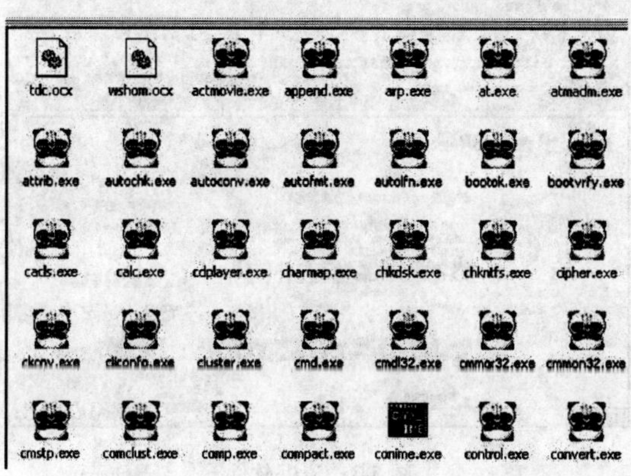

图5-1　“熊猫烧香”病毒

5.1.2 病毒有什么特点?

(1)隐蔽性:指病毒的存在、传染和对数据的破坏过程不易为计算机操作人员发现;寄生性,计算机病毒通常是依附于其他文件而存在的;

(2)传染性:指计算机病毒在一定条件下可以自我复制,能对其他文件或系统进行一系列非法操作,并使之成为一个新的传染源。这是病毒的最基本特征;

(3)触发性:指病毒的发作一般都需要一个激发条件,可以是日期、时间、特定程序的运行或程序的运行次数等,如臭名昭著的 CIH 病毒就发作于每个月的 26 日;

(4)破坏性:指病毒在触发条件满足时,立即对计算机系统的文件、资源等运行进行干扰破坏。

5.1.3 什么是"木马"病毒?

特洛伊木马(以下简称木马),英文叫做"Trojan horse",其名称取自希腊神话的特洛伊木马记。在计算机领域中,它是一种基于远程控制的黑客工具,具有隐蔽性和窃取信息的特点。

木马潜入计算机系统,通过种种隐蔽的方式在系统启动时自动在后台执行的程序,以"里应外合"的工作方式,用服务器/客户端的通信手段,当你上网时控制你的计算机,以窃取你的密码、游览你的硬盘资源,修改你的文件或注册表、偷看你的邮件等,图 5-2 为被金山毒霸查到的典型木马" 灰鸽子"病毒。

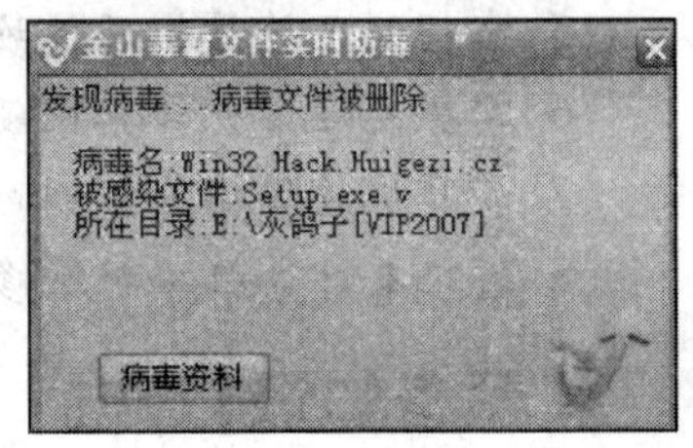

图 5-2 典型木马:灰鸽子

从以上这段对木马的描述可以看到木马并没有破坏用户的计算机,主要目的是窃取信息。所以从严格意义上来说,木马不满足病毒破坏性的特点。

5.1.4 什么是流氓软件?

"流氓软件"是介于病毒和正规软件之间的软件,见图 5-3。

恶意软件(流氓软件)官方定义:是指在未明确提示用户或未经用户许可的情况下,在用户计算机或其他终端上安装运行,侵犯用户合法权益的软件,但已被我国现有法律法规规定的计算机病毒除外。

图 5-3 流氓软件

它具有如下特点:

(1)强制安装:指在未明确提示用户或未经用户许可的情况下,在用户计算机或其他终端上安装软件的行为。

(2)难以卸载:指未提供通用的卸载方式,或在不受其他软件影响、人为破坏的情况下,卸载后仍活动程序的行为。

(3)浏览器劫持:指未经用户许可,修改用户浏览器或其他相关设置,迫使用户访问特定网站或导致用户无法正常上网的行为。

(4)广告弹出:指未明确提示用户或未经用户许可的情况下,利用安装在用户计算机或其他终端上的软件弹出广告的行为。

(5)恶意收集用户信息:指未明确提示用户或未经用户许可,恶意收集用户信息的行为。

(6)恶意卸载:指未明确提示用户、未经用户许可,或误导、欺骗用户卸载非恶意软件的行为。

(7)恶意捆绑:指在软件中捆绑已被认定为恶意软件的行为。

(8)其他侵犯用户知情权、选择权的恶意行为。

5.1.5 如何从普通用户的角度对病毒进行分类?

(广义)病毒:
- 破坏型病毒(即狭义病毒),以破坏为目的
- 木马,以窃取用户重要信息为目的
- 流氓软件,难以卸载,以抢占市场为目的

5.1.6 病毒如何防治?

(1)安装杀毒软件,卡巴斯基和360安全卫士的组合不错。但不能迷信杀毒软件,以为装了杀毒软件就可以高枕无忧了,杀毒软件滞后于病毒,病毒爆发后杀毒软件才能进行查杀,而且杀毒软件本身也是软件,也可能被病毒破坏。

(2)及时打上系统补丁。系统补丁是为了修补系统已经存在的漏洞,如果不补上,黑客就可以利用这个公开出来的漏洞进行攻击。当然系统补丁也是存在滞后性,图5-4为Windows定期发布的漏洞修补。

待修复系统漏洞 | 待修复软件漏洞 | 系统高级漏洞 | 已装补丁管理 | 已忽略补丁 | 已过期补丁

您的系统中存在58.36MB补丁安装源文件,请根据自己的磁盘空间状况进行管理。

安装时间	微软名称	描述	详细信息
	KB936782	Windows Media Player 10 (KB936782...	查看详情
5/21/2009	KB939683	Windows Media Player 11 (KB939683...	查看详情
5/21/2009	KB941569	Windows XP (KB941569) 安全更新	查看详情
5/21/2009	KB929399	Hotfix for Windows Media Format 1...	查看详情
2/10/2009	KB952287	Windows XP 修补程序 (KB952287)	查看详情
2/10/2009	KB951830	Windows XP 修补程序 (KB951830)	查看详情
2/10/2009	KB944043	Windows XP 修补程序 (KB944043-v3)	查看详情
2008-05-27	KB951698	Windows XP 安全更新 (KB951698)	查看详情
2008-05-27	KB950762	Windows XP 安全更新 (KB950762)	查看详情

图5-4 Windows漏洞修补

(3)装一个占系统资源小的防火墙,防止局域网内部攻击和非法程序往外发数据。

(4)病毒防治的关键还是要养成良好的使用习惯,不开不熟悉的网站(可以在虚拟机里开),多关心开机自动启动的程序和服务,多查看任务管理器,看看有没出现不认识的程序。

(5)如果已经中毒导致系统崩溃了那就只能重装系统,重装系统也不是万能的,有些病毒

即使重装系统也没用。因为一般来说重装系统就是格式化 C 盘,然后重装,那只能是把 C 盘的病毒清除了,其他盘的文件如果带毒那将来还是会中毒,如熊猫烧香,它就感染所有的 exe 文件,没把这些被感染的 exe 清除掉的话,将来一运行这些程序就又中毒了。

(6)还有就是要注意 D、E、F 盘下面是否有 AutoRun. inf 这个隐藏文件,这个隐藏文件本来是在光盘里用来自动播放,而它到了 U 盘或者硬盘的各个根目录下(见图 5-5),它同样也有自动播放的功能,双击这个分区或者 U 盘,就自动运行了 AutoRun. inf 所指向的程序(见图 5-6),如果这个程序是病毒,那就会中毒。这就是很多 U 盘病毒的工作原理。所以中毒后要在重装系统前,先把 DEF 盘根目录下的 AutoRun. inf 及其所指向的 exe 文件先删除,然后再装系统。

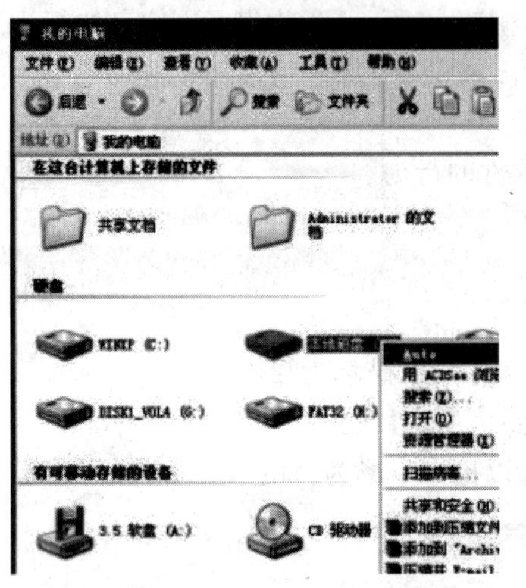

图 5-5　出现 auto 说明根目录下带有 autorun. inf

图 5-6　autorun. inf

图 5-7 为常见的文件夹图标病毒,"文件夹图标病毒",病毒主要通过 U 盘传播,病毒发作后,能隐藏驱动器里的文件夹目录,然后把自身复制成与文件夹同名的 . EXE 文件,以此引诱用户点击。杀毒的话要把这些文件夹形状的 exe 文件清楚干净。

图 5-7　文件夹图标病毒

至于怎样在中毒情况下进行备份、删除等工作,那就要提到 WinPE。早期系统进不去要进行一些基本操作就要用 DOS,而现在用 WinPE(见图 5-8)。WinPE 可以理解为是一个专门为计算机维护而设计的精简的操作系统,是运行在光盘上的操作系统,可以执行各种计算机维护工作。

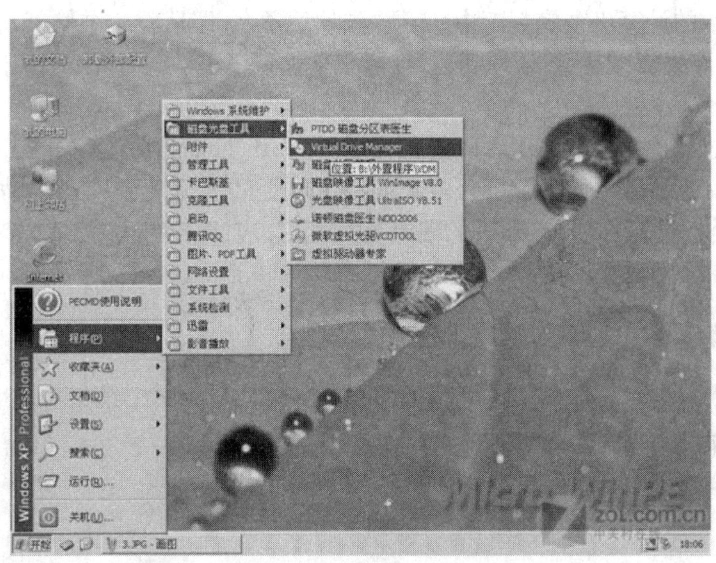

图 5-8　WinPE 维护工具盘

5.2　硬件维护篇

5.2.1　进行计算机维修应遵循的基本原则是什么?

(1)进行维修判断须从最简单的事情做起。简单的事情,一方面指观察,另一方面是指简捷的环境。

简单的事情就是观察,它包括:

①计算机周围的环境情况——位置、电源、连接、其他设备、温度与湿度等;

②计算机所表现的现象、显示的内容,及它们与正常情况下的异同;

③计算机内部的环境情况——灰尘、连接、器件的颜色、部件的形状、指示灯的状态等;

④计算机的软硬件配置——安装了何种硬件,资源的使用情况;使用的是何种操作系统,其上又安装了何种应用软件,硬件的设置驱动程序版本等。

简捷的环境包括:

①后叙将提到的最小系统;

②在判断的环境中,仅包括基本的运行部件/软件,和被怀疑有故障的部件/软件;

③在一个干净的系统中,添加用户的应用(硬件、软件)来进行分析判断。

从简单的事情做起,有利于精力的集中,有利于进行故障的判断与定位。一定要注意,必须通过认真的观察后,才可进行诊断与维修。

(2)根据观察到的现象,要"先想后做"。先想后做,包括以下几个方面:

首先,是先想好怎样做、从何处入手,再实际动手。也可以说是先分析判断,再进行维修。

其次,是对于所观察到的现象,尽可能地先查阅相关的资料,看有无相应的技术要求、使用特点等,然后根据查阅到的资料,结合下面要谈到的内容,再着手维修。

最后,是在分析判断的过程中,要根据自身已有的知识、经验来进行判断,对于自己不太了解或根本不了解的,一定要先向有经验的同事或你的技术支持工程师咨询,寻求帮助。

(3)在大多数的计算机维修判断中,必须"先软后硬"。即从整个维修判断的过程看,总是先判断是否为软件故障,先检查软件问题,当判断软件环境正常时,如果故障不能消失,再从硬件方面着手检查。

(4)在维修过程中要分清主次,即"抓主要矛盾"。在复现故障现象时,有时可能会看到一台故障机不止有一个故障现象,而是有两个或两个以上的故障现象(如:启动过程中无显,但机器也在启动,同时启动完后,有死机的现象等),此时,应该先判断、维修主要的故障,当修复之后,再维修次要故障,有时可能次要故障已不需要维修了。

5.2.2 计算机维修的基本方法有哪些?

(1)观察法。观察,是维修判断过程中第一要法,它贯穿于整个维修过程中。观察不仅要认真,而且要全面。要观察的内容包括:

①周围的环境;

②硬件环境。包括接插头、插座和插槽等;

③软件环境;

④用户操作的习惯、过程。

(2)最小系统法。是指从维修判断的角度能使计算机开机或运行的最基本的硬件和软件环境。最小系统有两种形式:硬件最小系统与软件最小系统。

硬件最小系统:由电源、主板和CPU组成。在这个系统中,没有任何信号线的连接,只有电源到主板的电源连接。在判断过程中是通过声音来判断这一核心组成部分是否可正常工作;

软件最小系统:由电源、主板、CPU、内存、显示卡/显示器、键盘和硬盘组成。这个最小系统主要用来判断系统是否可完成正常的启动与运行。

对于软件最小环境,就"软件"有以下几点要说明:

①硬盘中的软件环境保留着原先的软件环境,只是在分析判断时,根据需要进行隔离(如卸载、屏蔽等)。保留原有的软件环境,主要是用来分析判断应用软件方面的问题。

②硬盘中的软件环境只有一个基本的操作系统环境(可能是卸载掉所有应用程序,或是重新安装一个干净的操作系统),然后根据分析判断的需要,加载需要的应用。一个干净的操作系统环境,能够判断系统问题、软件冲突或软、硬件间的冲突问题。

③在软件最小系统下,可根据需要添加或更改适当的硬件。如:在判断启动故障时,由于硬盘不能启动,想检查一下能否从其他驱动器启动。这时,可在软件最小系统下加入一个软驱或干脆用软驱替换硬盘来检查。又如:在判断音频和视频方面的故障时,应在软件最小系统中加入声卡;在判断网络问题时,就应在软件最小系统中加入网卡等。

最小系统法主要是要先判断在最基本的软、硬件环境中,系统是否可正常工作。如果不能正常工作,即可判定最基本的软、硬件部件有故障,从而起到故障隔离的作用。

最小系统法与逐步添加法结合,能较快速地定位发生在其他软件的故障,提高维修效率。

(3)逐步添加/去除法。逐步添加法:以最小系统为基础,每次只向系统添加一个部件/设备或软件,来检查故障现象是否消失或发生变化,以此来判断故障部位。

逐步去除法:正好与逐步添加法的操作相反。

逐步添加/去除法一般要与替换法配合,才能较为准确地定位故障部位。

(4)隔离法。是将可能妨碍故障判断的硬件或软件屏蔽起来的一种判断方法。它也可用来将怀疑相互冲突的硬件、软件隔离开以判断故障是否发生变化的一种方法。

软硬件屏蔽,对于软件来说,即是停止其运行,或者是卸载;对于硬件来说,是在设备管理器中,禁用、卸载其驱动,或干脆将硬件从系统中去除。

(5)替换法。替换法是用好的部件去代替可能有故障的部件,以判断故障现象是否消失的一种维修方法。好的部件可以是同型号的,也可能是不同型号的。替换的顺序一般为:

①根据故障的现象或第二部分中的故障类别,考虑需要进行替换的部件或设备。

②按先简单后复杂的顺序进行替换。如:先内存、CPU,后主板,又如要判断打印故障时,可先考虑打印驱动是否有问题,再考虑打印电缆是否有故障,最后考虑打印机或并口是否有故障等。

③最先考查与怀疑有故障的部件相连接的连接线、信号线等,之后是替换怀疑有故障的部件,再后是替换供电部件,最后是与之相关的其他部件。

④从部件的故障率高低来考虑最先替换的部件。故障率高的部件先进行替换。

(6)比较法。比较法与替换法类似,即用好的部件与怀疑有故障的部件进行外观、配置、运行现象等方面的比较,也可在两台计算机间进行比较,以判断故障计算机在环境设置、硬件配置方面的不同,从而找出故障部位。

(7)升降温法。在上门服务过程中,由于工具的限制,升降温法在使用与维修中的运用是不同的。在上门服务中的升温法,可在用户同意的情况下,设法降低计算机的通风能力,使计算机自身发热而升温。

降温的方法有:

①一般选择环境温度较低的时段,如一清早或较晚的时间;

②使计算机停机 12~24 小时以上等方法实现;

③用电风扇对着故障机吹,以加快降温速度。

(8)敲打法。敲打法一般用在怀疑计算机中的某部件有接触不良的故障时,是通过振动、适当的扭曲、或用橡胶锤敲打部件或设备的特定部件来使故障复现,从而判断故障部件的一种维修方法。

5.2.3 如何对计算机产品进行清洁?

有些计算机故障,往往是由于机器内灰尘较多引起的,这就要求我们在维修过程中,注意观察故障机内、外部是否有较多的灰尘,如果是,应该先进行除尘,再进行后续的判断维修。在进行除尘操作中,以下几个方面要特别注意:

(1)注意风道的清洁。

(2)注意风扇的清洁。风扇的清洁过程中,最好在清除其灰尘后,能在风扇轴处,点一点儿钟表油,加强润滑。

(3)注意接插头、插座、插槽、板卡金手指部分的清洁。金手指的清洁,可以用橡皮擦拭,或用酒精棉擦拭也可以。

插头、插座、插槽的金属引脚上氧化现象的去除:一是用酒精擦拭,一是用金属片(如小一字螺丝刀)在金属引脚上轻轻刮擦。

(4)注意大规模集成电路、元器件等引脚处的清洁。清洁时,应用小毛刷或吸尘器等除掉灰尘,同时要观察引脚有无虚焊和潮湿的现象,元器件是否有变形、变色或漏液现象。

(5)注意使用的清洁工具。清洁用的工具,首先是防静电的。如清洁用的小毛刷,尽量使用天然材料制成的毛刷。其次是如使用金属工具进行清洁时,必须切断电源,且对金属工具进行泄放静电的处理。

用于清洁的工具包括:小毛刷、皮老虎、吸尘器、抹布、酒精(不可用来擦拭机箱、显示器等塑料外壳)。

(6)对于比较潮湿的情况,应想办法使其干燥后再使用。可用的工具如电风扇、电吹风等,也可让其自然风干。

5.2.4 按照什么步骤进行计算机维修?

对计算机进行维修,应遵循如下步骤:

(1)了解情况。即在服务前,与用户沟通,了解故障发生前后的情况,进行初步的判断。如果能了解到故障发生前后尽可能详细的情况,将使现场维修效率及判断的准确性得到提高,了解故障与技术标准是否有冲突。

向用户了解情况,应借助第二部分中相关的分析判断方法,与用户交流,这样不仅能初步判断故障部位,也对准备相应的维修备件有帮助。

(2)复现故障。即在与用户充分沟通的情况下,确认用户所报修故障现象是否存在,并对所见现象进行初步的判断,确定下一步的操作;

分析是否还有其他故障存在。

(3)判断、维修。即对所见的故障现象进行判断、定位,找出产生故障的原因,并进行修复的过程。在进行判断维修的过程中,应遵循“维修判断”中所述的原则、方法、注意事项,及第二、三部分所述内容进行操作。

(4)检验。维修后必须进行检验,确认所复现或发现的故障现象解决,且用户的计算机不存在其他可见的故障。尽可能消除用户未发现的故障,并及时排除之。

5.2.5 常见故障维修案例

(1)不加电 (电源指示灯不亮)怎么办?

①检查外接适配器是否与笔记本计算机正确连接,外接适配器是否工作正常。

②如果只用电池为电源,检查电池型号是否为原配电池;电池是否充满电;电池安装的是否正确。

③检查 DC 板是否正常。

④检查主板。

(2)电源指示灯亮但系统不运行,LCD 也无显示。要怎么处理?

①按住电源开关并持续四秒钟来关闭电源,再重新启动检查是否启动正常。

②外接 CRT 显示器是否正常显示。

③检查内存是否插接牢靠。

④清除 CMOS 信息。

⑤尝试更换内存、CPU、充电板。

⑥更换主板。

(3)显示的图像不清晰怎么办?

①检测调节显示亮度后是否正常。

②检查显示驱动安装是否正确;分辨率是否适合当前的 LCD 尺寸和型号。

③检查 LCD 连线与主板连接是否正确；检查 LCD 连线与 LCD 连接是否正确。

④检查背光控制板工作是否正常。

⑤检查主板上的北桥芯片是否存在冷焊和虚焊现象。(北桥芯片控制内存、VGA、CRT、LCD 等)。

⑥尝试更换主板。

(4) LCD 无显示怎么办?

①通过状态指示灯检查系统是否处于休眠状态,如果是休眠状态,按电源开关键唤醒。

②检查连接了外接显示器是否正常。

③检查是否加入电源。

④检查 LCD 连线两端连接正常。

⑤更换背光控制板或 LCD。

⑥更换主板。

(5) USB 口不工作怎么办?

①在 BIOS 设置中检查 USB 口是否设置为"ENABLED"。

②重新插拔 USB 设备，检查连接是否正常。

③检查 USB 端口驱动和 USB 设备的驱动程序安装是否正确。

④更换 USB 设备或联系 USB 设备制造商获得技术支持。"ENABLED"

⑤更换主板。

(6)声卡工作不正常怎么办?

①用 AUDIO 检测程序检测是否正常。

②检查音量调节是否正确。

③检查声源(CD、磁带等)是否正常。

④检查声卡驱动是否安装。

⑤检查喇叭及麦克风连线是否正常。

⑥更换声卡板。

⑦更换主板。

(7)风扇问题怎么处理?

①用 FAN 测试程序检测是否正常,开机时风扇是否正常。

②FAN 线是否插好。

③FAN 是否良好。

④M/B 部分的 CONNECTER 是否焊好。

⑤主板不良。

(8)键盘问题怎么处理?

①用键盘测试程序测试判断。

②键盘线是否插好。

③M/B 部分的 CONNECTER 是否有针歪或其他不良状况。

④主板不良。

(9)主板声音报错提示。排除计算机故障最简单的方法就是通过主板的报警音来检查。为了大家能够更快更方便的找出问题所在,现在就把报警音含义介绍如下:

现在主板常用的 BIOS 有两种"AMI、Award"的,由于生产厂家的不同,它们的代码定义也略有区别。

首先给大家介绍一下 Award BIOS 的报警音代码：

1 短：系统正常启动。恭喜，你的机器没有任何问题。

2 短：常规错误，请进入 CMOS Setup，重新设置不正确的选项。

1 长 1 短：RAM 或主板出错。换一条内存试试，若还是不行，只好更换主板。

1 长 2 短：显示器或显示卡错误。

1 长 3 短：键盘控制器错误。检查主板。

1 长 9 短：主板 Flash RAM 或 EPROM 错误，BIOS 损坏。换块 Flash RAM 试试。

不断地响（长声）：内存条未插紧或损坏。重插内存条，若还是不行，只有更换一条内存。

重复短响：电源有问题。

无声音无显示：可能是电源有问题。

下面是 AMI BIOS 的报警音代码：

1 短：内存刷新失败。更换内存条。

2 短：内存 ECC 校验错误。在 CMOS Setup 中将内存关于 ECC 校验的选项设为 Disabled 就可以解决，不过最根本的解决办法还是更换一条内存。

3 短：系统基本内存（第 1 个 64KB）检查失败。换内存。

4 短：系统时钟出错。

5 短：中央处理器（CPU）错误。

6 短：键盘控制器错误。

7 短：系统实模式错误，不能切换到保护模式。

8 短：显示内存错误。显示内存有问题，更换显卡试试。

9 短：ROM BIOS 检验和错误。

1 长 3 短：内存错误。内存损坏，更换即可。

1 长 8 短：显示测试错误。显示器数据线没插好或显示卡没插牢。

5.2.6 常见故障分析、排除实例

（1）IE 浏览器错误报告。

现象：在使用 IE 浏览网页的过程中，出现“Microsoft Internet Explorer 遇到问题需要关闭……”的信息提示。此时，如果单击“发送错误报告”按钮，则会创建错误报告，单击“关闭”按钮之后会引起当前 IE 窗口关闭；如果单击“不发送”按钮，则会关闭所有 IE 窗口。

故障点评：这是 IE 为了解用户在使用中的错误而设计的一个小程序，可以关闭。

故障解决：针对不同情况，可分别用以下方法关闭 IE 发送错误报告功能：

①对 IE 5.x 用户，执行“控制面板→添加或删除程序”，在列表中选择“Internet Explorer Error Reporting”选项，然后单击“更改/删除”按钮，将其从系统中删除。

②对 Windows 9x/Me/NT/2000 下的 IE 6.0 用户，则可打开“注册表编辑器”，找到[HKEY_LOCAL_MACHINE\Software \Microsoft\Internet Explorer\Main]，在右侧窗格创建名为 IEWatsonEnabled 的 DWORD 双字节值，并将其赋值为 0。

③对 Windows XP 的 IE 6.0 用户，执行“控制面板→系统”，切换到“高级”选项卡，单击“错误报告”按钮，选中“禁用错误报告”选项，并选中“但在发生严重错误时通知我”，最后单击“确定”按钮，见图 5-9。

(2)Svchost 进程占用大量 CPU 资源。

现象:用户计算机开机后,发现运行非常缓慢,打开“任务管理器”,发现进程中有 5,6 个 Svchost. exe 进程,其中有一个 svchost. exe 占用了 90% 的 CPU 资源。

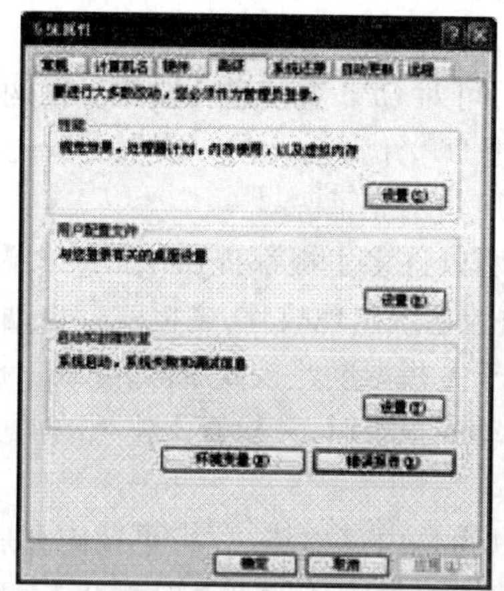
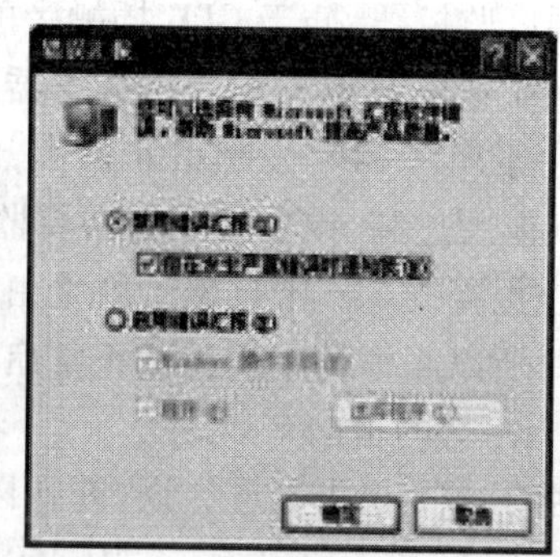

图 5-9 禁用错误汇报

故障点评:

首先来说下什么是 Svchost 进程。Svchost. exe 是 Windows XP 系统的一个核心进程。Svchost. exe 不单单出现在 Windows XP 中,在使用 NT 内核的 Windows 系统中都会有 Svchost. exe 的存在。一般在 Windows 2000 中 Svchost. exe 进程的数目为两个,而在 Windows XP 中 Svchost. exe 进程的数目就上升到了 4 个及 4 个以上,见图 5-10。

如何才能辨别哪些是正常的 Svchost. exe 进程,而哪些是病毒进程呢?

Svchost. exe 的键值是在“HKEY_LOCAL_MACHINE\Software\Microsoft\Windows NT\CurrentVersion\Svchost”,每个键值表示一个独立的 Svchost. exe 组。

微软还为我们提供了一种察看系统正在运行在 Svchost. exe 列表中的服务的方法。以 Windows XP 为例:在“运行”中输入:cmd,然后在命令行模式中输入:tasklist /svc。系统列出服务列表。如果使用的是 Windows 2000 系统则把前面的“tasklist /svc”命令替换为:“tlist -s”即可。

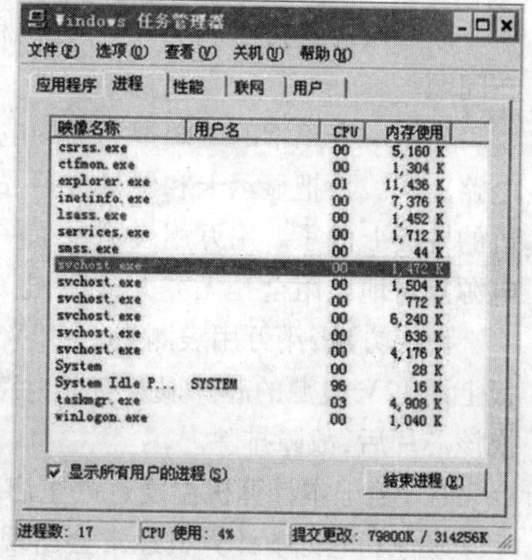

图 5-10 Svchost 进程

如果你怀疑计算机有可能被病毒感染,Svchost. exe 的服务出现异常的活动、通过搜索 Svchost. exe 文件就可以发现异常情况。一般只会找到一个在:“C:\Windows\System32”目录下的 Svchost. exe 程序。如果你在其他目录下发现 Svchost. exe 程序的话,那很可能就是中毒了。

还有一种确认 Svchost. exe 是否中毒的方法是在任务管理器中察看进程的执行路径。但是由于在 Windows 系统自带的任务管理器不能察看进程路径,所以要使用第三方进程察看工具。

上面简单的介绍了 Svchost. exe 进程的相关情况。总而言之,Svchost. exe 是一个系统的核心进程,并不是病毒进程。但由于 Svchost. exe 进程的特殊性,所以病毒也会千方百计的入侵

Svchost. exe。通过察看 Svchost. exe 进程的执行路径可以确认是否中毒。

解决方法:从用户的使用情况来看,应该是中毒了,安装杀毒软件进行全盘杀毒,重启计算机后,问题得以解决。

(3)主板温控失常 引发主板“假死”。

现象:华硕 P3B-F 主板上有智能监控芯片,可对 CPU 温度进行监视。在购买该主板时,另购一根 2Pin 的温度监控线,插于 CPU 插槽旁的 JTP 针脚上。在一次玩游戏过程中,机器突然蓝屏,重启后,等到光驱、硬盘自检完后显示器居然不亮了。

故障点评:由于现在 CPU 发热量非常大,所以许多主板都提供了严格的温度监控和保护装置。一般 CPU 温度过高,或主板上的温度监控系统出现故障,主板就会自动进入保护状态。拒绝加电启动,或报警提示。上述例子就是由于主板温度监控线脱落,导致主板自动进入保护状态,拒绝加电。所以当你的主板无法正常启动或报警时,先检查下主板的温度监控装置是否正常。

解决方法:由于之前报告蓝屏错误,起初以为是内存出错,后来更换内存后依然无效。又开始怀疑 CPU 故障,换了一块 Pentium III 450 CPU,故障依旧。百般无奈下,突然发现原来接在主板上的温控线脱落,掉在主板上……难道是温度监控线导致的故障吗?重新连接温度监控线后,再开机居然一切正常了。

5.2.7 笔记本计算机故障维修实例

(1)笔记本计算机不能启动。

现象:笔记本计算机开机时主机不能启动,风扇转一下就停了。

故障点评:这种故障可能存在两种情况,1)笔记本计算机电源存在问题,2)负载电路上存在问题。

先用一个正常的电源把当前的电源换掉以后查看,故障现象仍然存在,原因应该出在负载电路上了。再把显示卡和硬盘拔掉,故障现象依然存在,这下可以肯定故障出在了笔记本计算机的主板上面了。用万用表测量了一下主板各电源点对地电阻,+5V对地电阻为 4.5Ω,其他电源点对地电阻全是无穷大,说明电源点对地电阻值正确,无短路现场。

解决方法:用万用表测量,+12V 和 -12V 之间的电阻数值只用 9Ω,说明有问题。分析主板上用 12V 电源的芯片以及有关电路,发现串行口 2 的 u89 芯片同时使用 +12V 和 -12V,更换该芯片后,故障排除。

(2)笔记本计算机温度过高重启问题。

现象:笔记本计算机经常会出现启动一段时间后会自动重启,用手触摸笔记本计算机的外壳,发现温度特别高。

故障点评:打开笔记本计算机外壳,发现原来 CPU 的风扇已经不转动了,往风扇轴承加一滴机油,问题解决。在特定的环境下,对于机器重新启动或者死机现象我们要注意是否是计算机的 CPU 出现问题了,如果风扇停止不转了,那么就要及时地处理掉这个问题,如果这样的问题不处理掉,很有可能导致 CPU 烧掉,那样的麻烦可就大了,笔记本计算机的运行环境也是影响其性能的一方面。

(3)笔记本计算机自检不能通过。

现象:笔记本计算机自检不能通过。

故障点评:计算机自检的过程,其中这个程序是安装在主板 rom 芯片中的一个大约是

2KB 的 post 自检程序,此程序的功能主要是完成启动启动时候对硬件设备是否能正常运转的一次性能测试,如果 CPU 处理器内部寄存器 rom-bios 芯片字节,dma 控制器或者内部存储器 ram,在测试过程中有一项未能通过测试,那么自检程序都不能通过,机器就进入了死循环状态. 对于一些非内核的硬件设备,比如中断控制器,时钟,键盘,软硬,光驱(可设置不检查),如果不通过,就属于一般性的硬件故障,同时在计算机屏幕上会显示出相应的错误提示,所以,当计算机出现不自检或者自检不通过的情况,我们第一步要考虑的是哪里的硬件出了问题。

解决方法:情况估计是硬件接口接触不良,拆开机壳,重插内存和硬盘,问题解决。

(4)笔记本计算机光驱不能读盘。

现象: 光盘放入光驱,光驱声音很大,但无法读出光盘数据。

故障点评:

这种情况我们分析有三种原因:

①笔记本计算机光驱老化了;

②对某一类的光盘敏感,就不读;

③光盘损坏;

针对第一种情况我们的处理办法,只能是更换光驱,但是现在更换一个光驱的成本还是比较高的,我们可以考虑给笔记本计算机增加一个外置光驱,外置光驱相对来说价格上比较便宜一些,而且功能上也不差;

第二种情况出现的比较少,但也不是没有可能出现,如果是这类情况,可以将光盘上的内容先 copy 过来,然后转换一下光盘格式试试看;

第三中情况,没办法的,可以先拿到其他好的光驱上试试看,如果都不能多,那确定就是光盘坏了;

笔记本计算机光驱平时要注意保养, 最好不要用光驱去看电影或者玩游戏,它属于易损件,更换的成本也比较高。

解决方法:更换了几张盘测试,均无法读出数据,应该是第一种情况,光驱老化了,只好去买个外置光驱。

【学习工作单】

学习情境五:计算机故障排除	姓名: 班级:	成绩:

1. 计算机病毒有哪些主要分类?

2. 计算机病毒的传播路径有哪些?

3. 普通计算机病毒与“木马”有哪些区别?

4. 计算机病毒有哪些特点?

5. U 盘病毒的典型特征是什么?

6. 引导区位于哪里?有什么作用?

7. 哪些进程是系统必需的进程?

【校外实训】

【职业岗位目标】

微型计算机系统维护员

【情境描述】

地点:校外实训基地(计算机公司维修部)。

某用户的计算机出现无法正常开机的情况,使用的是 WindowsXP 操作系统,出现开机后卡在 Windows 徽标界面,滚动条一直在滚动,但就是进不去系统。

如果安全模式,可以进去一会儿,但过一会儿就蓝屏了。

初步判断可能是操作系统中毒了,但也可能是硬件问题。希望你帮忙找到问题出在什么地方,并解决该问题。操作过程中要保证用户的重要资料不丢失。

【子任务一】:杀毒

1. 方案设计

进入安全模式,尝试杀毒。

2. 实训准备

360 安全卫士、卡巴斯基等安全软件。

3. 项目内容

完成以下操作:

(1)进入安全模式,安装 360 安全卫士或者卡巴斯基。

(2)全盘扫描,进行扫毒。

(3)如果杀毒软件无法安装成功,则表示可能中毒太深,需要重装系统。

(4)如果全盘扫描结束,但未发现软件方面有什么异常,表示操作系统也许没问题,问题可能出在硬件方面。

【子任务二】:重装系统

1. 方案设计

为用户重装系统,然后安装杀毒软件,尝试杀毒。

2. 实训准备

Windows 系统安装盘、WinPE 维护工具盘。

3. 项目内容

完成以下操作:

(1)使用 WinPE 进入硬盘,将用户重要资料保存到 U 盘中。

(2)如果 WinPE 也无法进入,则是硬件问题的可能性很大。

(3)备份完重要数据后,格式化系统分区,然后重装系统。当然也可以考虑不格式化原系统,安装双系统。

(4)系统重装好后,安装杀毒软件进行全盘扫描杀毒。

【子任务三】:硬件故障排除

1. 方案设计

如果重装系统杀毒后问题依然存在,就要考虑可能是硬件问题了。通过观察法、最小化法、替换法等方法,检测出是什么硬件问题,并尽可能尝试修复。

2. 实训准备

十字螺丝刀、万用表

3. 项目内容

(1)打开机箱,观察机箱中的配件有无接触不良、观察电容有无爆浆。

(2)通电开机,观察风扇是否运转正常。如果是风扇转很慢或者声音很大,则扫扫灰尘,给轴承加些机油。

(3)小心触摸 CPU 散热片、北桥散热片、显卡散热片、硬盘外壳,感觉是否烫手,烫手则表示该配件可能有问题。

(4)使用替换法,换个其他机子能正常使用且与这台机子兼容的 CPU 或内存,进行替换,替换后能正常使用则说明相应的原配件有问题。

(5)使用最小化法,仅保留电源、CPU、内存、主板、显卡,尝试运行,看是否使用正常。如果正常,再把硬盘,键盘、鼠标等配件一个个加进去测试。如果仅保留电源、CPU、内存、主板、显卡的最小化系统还是不能正常使用,则按照描述,CPU、内存、主板出问题的几率较大。

(6)找到问题所在后,尝试修复或者替用户购买一个新配件换进去。

【实训报告】

实训五　实 训 报 告

班级：________________________

学号：________________________ 姓名：________________________

实验记录：

1. 用户计算机的配置信息。

CPU：________________

内存：________________

主板：________________

2. 对所见到的故障现象进行描述。

____

____

____

____

3. 根据现象分析可能是哪些故障。

____

____

____

____

4. 最终确认是什么故障。

____

____

____

____

5. 解决故障的方法。

____

____

____

____

6. 维修总结。

____

____

____

____

【学生自评表】

<table>
<tr><td>姓名</td><td></td><td>班级</td><td></td><td>学号</td><td></td></tr>
<tr><td>时间</td><td colspan="3"></td><td>地点</td><td></td></tr>
<tr><td>序号</td><td colspan="3">自 评 内 容</td><td>分数</td><td>得分</td></tr>
<tr><td>1</td><td colspan="3">在项目工作过程中表现出的积极性、主动性和发挥的作用</td><td>10</td><td></td></tr>
<tr><td>2</td><td colspan="3">通过各种渠道收集资料进行工作的情况</td><td>5</td><td></td></tr>
<tr><td>3</td><td colspan="3">正确备份用户重要数据</td><td>20</td><td></td></tr>
<tr><td>4</td><td colspan="3">正确安装操作系统</td><td>20</td><td></td></tr>
<tr><td>5</td><td colspan="3">遵循安全规则进行杀毒</td><td>20</td><td></td></tr>
<tr><td>6</td><td colspan="3">合理处理用户的硬件故障</td><td>20</td><td></td></tr>
<tr><td>7</td><td colspan="3">维修完成后妥善进行收尾工作</td><td>15</td><td></td></tr>
<tr><td>8</td><td colspan="3"></td><td></td><td></td></tr>
<tr><td>9</td><td colspan="3"></td><td></td><td></td></tr>
<tr><td>10</td><td colspan="3"></td><td></td><td></td></tr>
<tr><td colspan="4">总分</td><td>100</td><td></td></tr>
<tr><td colspan="4" rowspan="3">工作时间：</td><td colspan="2">提前完成</td></tr>
<tr><td colspan="2">准时完成</td></tr>
<tr><td colspan="2">没按时完成</td></tr>
<tr><td colspan="2">认为完成好的地方</td><td colspan="4"></td></tr>
<tr><td colspan="2">认为完成不满意的地方</td><td colspan="4"></td></tr>
<tr><td colspan="2">认为整个工作过程需要完善的地方</td><td colspan="4"></td></tr>
<tr><td colspan="4" rowspan="4">自我评价：</td><td colspan="2">非常满意</td></tr>
<tr><td colspan="2">满意</td></tr>
<tr><td colspan="2">不太满意</td></tr>
<tr><td colspan="2">不满意</td></tr>
</table>

参 考 文 献

[1] 王涛.计算机组装与维修.北京:地质出版社,2006.
[2] 刘博.计算机组装与维护教程.北京:清华大学出版社,2008.
[3] 王路敬等.微型计算机系统维护技巧问与答(硬件篇).北京:清华大学出版社,2005.
[4] 谭宁.计算机组装与维护案例教程.北京:北京大学出版社,2009.
[5] 文东,刘秋生.计算机组装与维护基础与项目实训.北京:中国人民大学出版社,2009.
[6] 智炳超.电脑组装完全 DIY 手册.上海:浦东电子出版社,2003.
[7] 王路敬等.微型计算机系统维护技巧问与答(硬件篇).北京:清华大学出版社,2005.